Notebooks on Military Archaeology and Architecture 9
Edited by Roberto Sconfienza

La fortificazione della piazza di Messina e le Martello Tower

Il piano difensivo anglo siciliano nel 1810

Edited by

Armando Donato
Antonio Teramo

BAR International Series 2644
2014

Published in 2016 by
BAR Publishing, Oxford

BAR International Series 2644

Notebooks on Military Archaeology and Architecture 9
Series Editor: Roberto Sconfienza

La fortificazione della piazza di Messina e le Martello Tower

ISBN 978 1 4073 1283 5

© The editors and contributors severally and the Publisher 2014

The authors' moral rights under the 1988 UK Copyright,
Designs and Patents Act are hereby expressly asserted.

All rights reserved. No part of this work may be copied, reproduced, stored,
sold, distributed, scanned, saved in any form of digital format or transmitted
in any form digitally, without the written permission of the Publisher.

BAR Publishing is the trading name of British Archaeological Reports (Oxford) Ltd.
British Archaeological Reports was first incorporated in 1974 to publish the BAR
Series, International and British. In 1992 Hadrian Books Ltd became part of the BAR
group. This volume was originally published by Archaeopress in conjunction with
British Archaeological Reports (Oxford) Ltd / Hadrian Books Ltd, the Series principal
publisher, in 2014. This present volume is published by BAR Publishing, 2016.

Printed in England

BAR titles are available from:

          BAR Publishing
          122 Banbury Rd, Oxford, OX2 7BP, UK
EMAIL info@barpublishing.com
PHONE +44 (0)1865 310431
FAX   +44 (0)1865 316916
          www.barpublishing.com

Notebooks on Military Archaeology and Architecture

Edited by Roberto Sconfienza

La collana promossa dai BAR, di cui questo libro costituisce il nono volume, nasce in seguito al desiderio di poter aprire uno spazio autonomo per le pubblicazioni di un settore specialistico degli studi archeologici e storico-architettonici, che è quello relativo al più ampio tema della storia militare. Non si danno perciò fin d'ora limiti cronologici o spaziali, volendo fornire al maggior numero di studiosi la possibilità di pubblicare studi inerenti il tema della collana. Per comunicazioni e proposte di pubblicazioni fare riferimento al responsabile:
ROBERTO SCONFIENZA

* * * * *

La collection lancée par les BAR, dont la présente édition constitue le neuvième exemplaire, remonte au désir de faire place aux publications concernant le secteur de l'histoire militaire, un secteur très spécialisé dans le panorama des études d'archéologie et d'histoire de l'architecture. Dans le but d'offrir au plus grand nombre d'auteurs la possibilité de publier leurs ouvrages, on n'a donné aucune limite spatio-temporelle aux sujets traités. Pour tout renseignement et proposition de publication s'adresser au responsable:
ROBERTO SCONFIENZA

* * * * *

The series, promoted by BAR, of which the present volume is the ninth issue, originates from the desire to open a new, autonomous ground for specialized publications concerning archaeological and historical studies, in particular relating to the wider field of military studies. No boundaries are set, concerning time and space, since the aim is to offer the most scholars the possibility to publish their works relating to the topic of the series. For any further suggestions and proposals of publications please contact the editor:
ROBERTO SCONFIENZA

* * * * *

Der vorliegende Band stellt die neunte Nummer der neuen von Bar geförderte Reihe dar. Diese Serie entsteht infolge des Wunsches einen selbständigen Platz zu schaf-fen, der für die Ausgaben eines fachmännischen Gebietes von der archäologischen und architektonisch-geschichtlichen Untersuchungen bestimmt ist. Von jetzt an, setzt man keine chronologischen oder räumlichen Grenzen; auf diese Weise hat ein größer Teil der Gelehrten die Gelegenheit die Untersuchung über den Gegenstand dieser Bücherreihe zu veröffentlichen. Für die Mitteilungen und Veröffentli-chungs-vorschlage darf man sich auf den Verantwortliche beziehen:
ROBERTO SCONFIENZA

Roberto Sconfienza,
- via Claudio Beaumont n. 28, 10138, Torino, Italia
- via per Aglié n. 12, 10090, Cuceglio, (Torino), Italia
n. tel. 0039-011-4345944; 0039-0124-492237; 0039-333-4265619
mail: robertosconfienza@libero.it
sito internet: http://www.archeofortificazioni.org

NOTEBOOKS ON MILITARY ARCHAEOLOGY AND ARCHITECTURE

Edited by Roberto Sconfienza
e-mail: robertosconfienza@libero.it

No 1	ROBERTO SCONFIENZA, *Fortificazioni tardo classiche e ellenistiche in Magna Grecia. I casi esemplari nell'Italia del Sud*, Oxford 2005	BAR International Series 1341 2005
No 2	GIOVANNI CERINO BADONE, *La guerra contro Dolcino "perfido eresiarca" (1305 1307). Descrizione e studio di un assedio medioevale*, Oxford 2005	BAR International Series 1387 2005
No 3	PAOLA GREPPI, *Provincia Maritima Italorum. Fortificazioni altomedievali in Liguria*, Oxford 2007	BAR International Series 1839 2007
No 4	ROBERTO SCONFIENZA, *Pietralunga 1744. Archeologia di una battaglia e delle sue fortificazioni sulle Alpi fra Piemonte e Delfinato. Italia nord-occidentale* Oxford 2009	BAR International Series 1920 2009
No 5	GIORGIO DONDI, *La fatica del bello. Tecniche decorative dell'acciaio e del ferro su armi e armature in Europa tra Basso Medioevo ed Età Moderna* Oxford 2011	BAR International Series 2282 2011
No 6	ROBERTO SCONFIENZA, *Le pietre del Re. Archeologia, trattatistica e tipologia delle fortificazioni campali moderne fra Piemonte, Savoia e Delfinato* Oxford 2011	BAR International Series 2303 2011
No 7	ROBERTO SCONFIENZA (a cura di), *La campagna gallispana del 1744. Storia e Archeologia Militare di un anno di guerra fra Piemonte e Delfinato* Oxford 2012	BAR International Series 2350 2012
No 8	ROBERTO SCONFIENZA, *Le fortificazioni campali dei colli di Finestre e Fattières. Archeologia e Storia di un sito militare d'Età Moderna sulle Alpi Occidentali* Oxford 2014	BAR International Series 2640 2014
No 9	ARMANDO DONATO, ANTONINO TERAMO, *La fortificazione della piazza di Messina e le Martello Tower. Il piano difensivo anglo siciliano nel 1810* Oxford 2014	BAR International Series 2644 2014

INDICE

INDICE — p. III

INTRODUZIONE — p. V

CAPITOLO 1
Il contesto storico — p. 1
- Gli inglesi in Sicilia — p. 1
- La conquista francese del regno di Napoli e la difesa della Sicilia — p. 3

CAPITOLO 2
La difesa della piazza di Messina — p. 7
- I piani difensivi — p. 7
- La situazione nell'anno 1810 — p. 14
    § Le posizioni anglo-borboniche — p. 14
    § Le posizioni francesi — p. 25

CAPITOLO 3
Lo sbarco dei reparti corsi e napoletani — p. 27
- Gli avvenimenti — p. 27
- Considerazioni — p. 30

CAPITOLO 4
L'edificazione delle torri — p. 35
- Le Martello Tower: l'origine del nome e del progetto — p. 35
- Caratteristiche formali e costruttive — p. 40
- Le torri di Messina — p. 42
    § Torre di Sant'Agata (A) — p. 44
    § Torre di Ganzirri Grande (B) — p. 45
    § Torre di Torre Faro (C) — p. 49
    § Torre di Capo Peloro (D) — p. 51
    § Torre di Mortelle (E) — p. 63

CAPITOLO 5
Conclusioni — p. 69

Bibliografia generale — p. 71

NOTA
I testi dell'Introduzione, dei Capitoli 3, 4 e 5 sono stati curati da Armando Donato e da Antonino Teramo; il Capitolo 1 è stato curato da Antonino Teramo, il Capitolo 2 da Armando Donato

Introduzione

Il presente lavoro è il risultato di varie attività di studio e ricerca, aventi lo specifico obiettivo di documentare e catalogare il cospicuo patrimonio fortificato della città di Messina, attualmente poco valorizzato e fruibile.

Si è innanzitutto dato spazio alle ricognizioni sul campo, utili ad un maggior approfondimento di quanto ancora presente circa le opere fortificate della piazzaforte di Messina, durante la presenza Inglese in Sicilia tra la fine del XVIII e il primo quindicennio del XIX secolo.

Le ricognizioni, effettuate anche nei luoghi di sbarco dei reparti francesi nel settembre del 1810, nonché nei siti scelti quali principali insediamenti militari inglesi nel primo decennio dell'Ottocento, hanno consentito di individuare alcuni reperti dell'epoca e diversi manufatti ancora in fase di studio. E' stato inoltre possibile procedere ad una ricostruzione più precisa dei fatti, correggendo in qualche caso, gli errori prodotti dalla storiografia locale.

Lo studio è stato supportato da una ricerca bibliografica, soprattutto in seno alla storiografia inglese, utile per risalire ad alcune fonti archivistiche. Sono state ovviamente considerate come fonti primarie i trattati ed i manuali riguardanti armi, artiglierie, strategie e tecniche di fortificazione, stampati fin dai primi decenni del XIX secolo in lingua inglese.

Le prime attività hanno avuto inizio già dal mese di agosto 2011, con una ricognizione presso le tre Martello Tower ancora integre. Nel 2012 sono stati effettuati altri sopralluoghi, sia presso le torri che nei succitati siti di principale interesse per il periodo storico in oggetto.

Nei mesi di gennaio e febbraio 2013 è invece iniziata le prima stesura del testo, via via modificato e aggiornato sino a luglio, mentre le ultime e definitive ricognizioni venivano effettuate ad aprile.

A tal proposito è bene chiarire che il lavoro non vuole porsi come completo, definitivo ed esaustivo, essendo mancante, per vari motivi legati sia ai tempi di lavoro che alle problematiche relative all'accessibilità e fruizione dei beni in questione, della parte riguardante l'interno delle opere, i rilievi, le misurazioni, i riferimenti ai materiali e alle tecniche di costruzione.

Si tratta infatti di un primo passo utile a porre le basi per future e più approfondite ricerche, circa un periodo di elevato interesse storico-culturale

novembre 2013, gli Autori

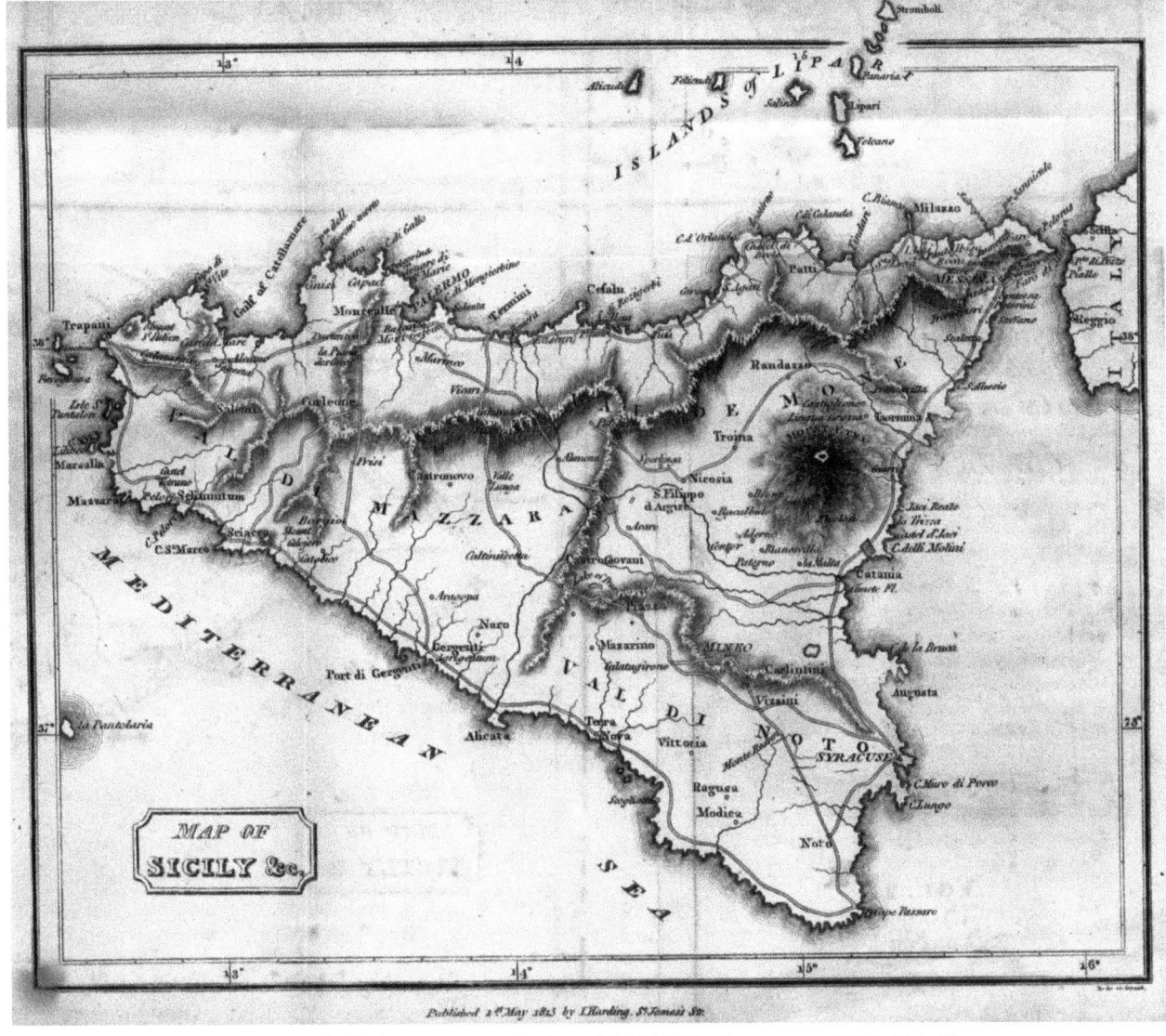

Fig. 1 La Sicilia in una mappa inglese del 1815 (da COCKBURN 1815, Vol. II)

CAPITOLO 1

Il contesto storico

Gli inglesi in Sicilia

Prima di trattare l'argomento specifico della fortificazione e difesa della piazza di Messina, considerando la complessità del periodo storico relativo alla fine del Settecento e il primo decennio dell'Ottocento, è opportuno procedere ad una breve e sintetica analisi di quegli accadimenti che progressivamente porteranno ai fatti relativi al 1810 nell'area dello Stretto.

Il legame tra l'Inghilterra e la Sicilia si strinse in modo sempre più forte a partire dagli ultimi decenni del XVIII secolo. Nell'aristocrazia non erano mancate aspirazioni isolate ad un rinnovamento delle istituzioni parlamentari fin dal viceregno di Caracciolo. Appariva infatti comprensibile come si potessero rivolgere delle attenzioni al Parlamento britannico, che nell'epoca dell'assolutismo, era uno strumento di difesa del potere quasi oligarchico dell'aristocrazia nei confronti della corona. A ciò si aggiungeva la convinzione dell'antica affinità del Parlamento britannico con le istituzioni locali siciliane. Elemento che costituiva più un astratto mito che una verità storica, ma che lusingava l'orgoglio regionalistico dell'aristocrazia e contribuiva a far vedere le istituzioni britanniche come le più adatte a resistere all'assolutismo, manifestatosi con le azioni dei vicerè riformatori. È possibile individuare in questa fase, l'inizio di quel processo politico che porterà all'esperimento costituzionale del 1812.

Accanto a questa corrente di simpatia, che può essere definita «politica», vennero ad aggiungersi una serie di scambi e contatti culturali anglo-siculi. La diffusione del pensiero empiristico in Sicilia stimolava un interesse per i pensatori inglesi che a quella filosofia avevano dato i maggiori contributi. Furono tradotte molte opere inglesi e la stessa lingua si diffuse nel ceto colto, al punto tale che molti testi poterono essere letti nelle edizioni originali. Era possibile trovare nelle biblioteche dei nobili siciliani le opere dei maggiori filosofi, poeti e scrittori inglesi come ad esempio Shakespeare, Milton, Dryden, Pope, Bacone, Bolingbroke[1]. Numerosi anche i viaggiatori inglesi in Sicilia, non solo con scopo di piacere o istruzione ma anche per motivi di affari: industriali e commercianti che si stabilirono in buon numero in tutta l'isola, in particolare dopo il 1750[2].

Scrive Rosario Romeo:
> Questo insieme di contatti e di simpatie, ancor vago e mal definito fino al 1790 circa, acquista, dopo lo scoppio della rivoluzione, un posto dominante nella vita morale dell'isola e, al tempo stesso, un sempre più preciso significato politico. Nobili e studiosi siciliani, come il Castelnuovo, il Belmonte, il Balsamo, - che saranno poi i capi del moto costituzionale – il Gustorelli, lo Scrofani ecc., visitano l'Inghilterra e ne riportano impressioni nuove e profonde. I trattati d'alleanza che a partire dal 1794 si stabiliscono tra monarchia borbonica e Inghilterra; la permanenza di numerose truppe e flotte britanniche nelle città e nei porti dell'isola; i conseguenti contatti fra ufficiali britannici e nobili siciliani: sono tutte opportunità per un sempre maggiore accostamento dei due mondi e delle due mentalità, che dà vita a una vera corrente di anglofilia o meglio anglomania, che si spinge fino alla moda, diffusa specialmente nell'aristocrazia, di imitare l'accento inglese nel parlare siciliano[3]

Vi erano dunque le premesse per la formazione, dai primi anni dell'Ottocento, di «un piccolo mondo anglo-siciliano»[4], in cui saranno presenti anche stili di vita e abitudini diversi dal tradizionale modo di vivere siciliano. La particolare situazione politica internazionale vedeva, pressoché continuativamente dal 1793 al 1815, l'Inghilterra opposta alla Francia, prima repubblicana e poi napoleonica. Tale fattore ebbe conseguenze determinanti sotto l'aspetto economico e commerciale. Infatti numerosi commercianti e agenti di commercio inglesi furono costretti a lasciare Livorno nel 1796 e Napoli nel 1799 con l'arrivo dei francesi[5], trasferendosi in Sicilia.

In seguito al blocco continentale del 1806 la Sicilia assieme a Malta, inglese dal 1800, divenne sia centro di commerci e mercato principale del Mediterraneo, sia punto strategico per il contrabbando in quegli anni in netta crescita[6], avvantaggiando il commercio inglese. La centralità nei commerci del Mediterraneo non era tuttavia la causa principale della concreta presenza militare britannica sull'Isola, motivata maggiormente da ragioni strategiche e militari. Sia nel 1799 che nel 1806 i sovrani di Napoli e Sicilia avevano dovuto lasciare la città partenopea per rifugiarsi a Palermo. L'isola avrebbe potuto quindi essere tra gli obiettivi di una conquista francese e si rivelava importante anche in un quadro strategico più ampio che vedeva interessata l'intera Europa. Se nel 1799 la presenza militare britannica fu limitata nel tempo per la restaurazione del Regno di Napoli ed il ritorno

---

[1] ROMEO 1982, pp. 108-110.
[2] D'ANGELO 1988; LENTINI 2004.
[3] ROMEO 1982, p. 110.
[4] SPINI 1958, p. 28.
[5] D'ANGELO 1988, pp.11-14.
[6] LENTINI 2004, p.105.

della famiglia reale nella capitale di quel regno, dal 1806 invece l'impegno bellico si prolungò fino alla fine dell'era napoleonica permettendo una presenza più continua e incisiva nella vita dell'Isola, in un periodo che la storiografia ha comunemente definito come "decennio inglese". Appare evidente come i rapporti diplomatici e politici tra Inghilterra e Regno di Sicilia fossero molto stretti, suggellati da diversi trattati e caratterizzati da una forte influenza britannica nella politica dell'isola. John Rosselli nel suo libro su Lord Bentick notava che,

> Quando una Grande Potenza difende una piccola potenza in tempo di guerra, di solito difficilmente riesce a non intromettersi nelle questioni interne di quella piccola. È anche vero che la Grande Potenza spesso si interessa di tali questioni interne meno di quanto non immagini quella piccola (o i futuri storici). L'occupazione britannica della Sicilia fra il 1806 e il 1815 ci dimostra la fondatezza di queste affermazioni[7]

Un altro aspetto, presente fin dall'origine del conflitto tra Francia repubblicana e Inghilterra, è quello della «Ideological War»[8]: si trattava di un modo di agire avente le sue radici nelle teorie di Edmund Burke sulla necessità di un intervento dell'Inghilterra contro la Francia rivoluzionaria.

La strategia consisteva nel contrapporre il sistema politico-costituzionale inglese a quello con il quale i francesi stavano sovvertendo l'equilibrio dei poteri in Europa, non solo l'esercito francese ma gli stessi principi rivoluzionari minacciavano infatti gli interessi inglesi[9]. Tale guerra, portata sul piano ideologico, comportava anche l'utilizzo su entrambi i fronti di nuovi strumenti psicologici come la propaganda. Un esempio è dato dalla «Gazzetta Britannica» di Messina che mirava ad influenzare l'opinione pubblica con una esaltazione delle gesta militari inglesi e la denigrazione del nemico, di cui venivano ingranditi sistematicamente insuccessi e crisi interne e ne venivano ridimensionate le vittorie militari[10].

La conquista francese del Regno di Napoli e la difesa della Sicilia

Nel 1796 l'esercito francese guidato da Napoleone Bonaparte era disceso in Italia conquistando vari territori sino a Roma, proclamata repubblica nel 1798 e riconquistata nello stesso anno dai francesi dopo una iniziale vittoria borbonica e austriaca con l'appoggio della marina inglese. A seguito di tali fatti il re Ferdinando IV di Borbone e consorte si trasferirono a Palermo[11], mentre nel gennaio dell'anno successivo le truppe francesi entrate a Napoli, proclamavano la repubblica partenopea. Era dunque urgente occuparsi della sistemazione difensiva della Sicilia e in particolare dello Stretto di Messina, potenziale obiettivo di sbarco francese per l'invasione dell'isola. Nel maggio 1798 a scopo precauzionale, furono trasferirti in Sicilia 20000 soldati, ma cessato l'allarme vi rimasero solo sei reggimenti più 23000 uomini della milizia urbana. Nello stesso anno la Piazza di Messina era retta da un governatore col grado di tenente generale, quella di Torre del Faro da un tenente colonnello.

Nel 1799 nonostante la restaurazione borbonica avesse ripreso il governo del regno di Napoli[12], furono stanziati per Messina 36000 ducati per l'armamento delle fortezze, mentre il vertice dell'esercito di Sicilia era suddiviso tra i marescialli Naselli, Persichelli, Danero e Filangieri di Cutò

---

[7] ROSSELLI 2002, p.37. Per i rapporti diplomatici tra Sicilia e Inghilterra e i progetti politici inglesi per la Sicilia si veda D'ANDREA 2008.
[8] SCOLFIELD 1992.
[9] D'ANDREA 2008, pp.22-23.
[10] SPINI 1958, pp. 20-22.
[11] La coppia reale fu scortata dall'ammiraglio Nelson in persona sul vascello Vanguard, accompagnato da altre navi da guerra anglo borboniche tra cui il vascello *Il Sannita* da 74 cannoni, al comando dell'ammiraglio Caracciolo. La nave fu disarmata a Messina qualche anno dopo, ma due dei suoi cannoni sono ancora oggi visibili sul lungomare nord della città, in zona Grotte. Su tali artiglierie DONATO 2012.
[12] Per una sintetica ricostruzione dei fatti che portarono alla restaurazione del Regno e alla fine della Repubblica Napoletana. DAVIS 2009, pp. 89-93; 107-120.

circa il comando delle Piazze; Jauch, Boucard, Damas e Sassonia riguardo le truppe; il brigadiere quartiermastro Fardella e i brigadieri Polizzi, De Thomas e Vivenzio a capo dell'artiglieria, dell'intendenza e degli ospedali militari. Nel frattempo aveva sede a Messina il reggimento di fanteria Valdemone, al quale si aggiungevano le reclute baronali di leva e i volontari. Lo stesso anno fu nominato comandante generale delle Armi di Sicilia il tenente generale Luigi Revertera duca della Salandra; i brigadieri Fardella, De Gregorio e principe della Cattolica ispettori delle Valli; il brigadiere Fernandez Peiteado intendente e il colonnello Salinero direttore dell'artiglieria[13].

Nel 1801 le truppe francesi conquistarono la Puglia minacciando nuovamente il regno di Napoli, con l'intenzione di ridiscendere la penisola per affacciarsi sullo Stretto, attraverso il quale invadere la Sicilia. Nel 1802 il ministro inglese Elliot e quello borbonico Acton, raggiunsero un accordo segreto tramite il quale sarebbero stati rimessi in piedi i forti e le cannoniere di Messina, mentre gli inglesi avrebbero occupato la Piazza al primo accenno di minaccia contro la Sicilia. Nel frattempo fu effettuata una spedizione contro Tunisi allo scopo di fermare le scorrerie piratesche contro l'isola.

Il 1805 fu l'anno sostanzialmente decisivo e scatenante per tutto ciò che sarebbe avvenuto da lì a pochi anni. Il luogotenente colonnello George Smith, mandato in Sicilia per informare Malta e quindi Londra dello stato delle difese siciliane riferì che tutte le piazzeforti, eccetto Messina, erano del tutto prive di artiglieria. Le architetture erano inoltre in pessimo stato di conservazione. Palermo era indifendibile, Siracusa soffriva di mancanza di armi e di un adeguato approvvigionamento d'acqua. Solo Messina era in buone condizioni e con una guarnigione di 3000 soldati britannici poteva resistere, secondo l'opinione di Smith, a tempo indeterminato[14]. Napoleone nel mese di dicembre aveva intanto nominato il fratello Giuseppe luogotenente generale (poi creato re di Napoli) con l'incarico di formate l'Armèe de Naples sotto il comando del generale Massena; qualche giorno dopo firmò la pace con l'Austria annunciando la cessazione ufficiale del regno di Napoli. La reazione dei generali Lacy e Craig[15] circa le strategie difensive da adottare, fu diversa; il primo suggeriva l'arrocca-mento in Calabria, il secondo la ritirata a Messina per meglio difendere la Sicilia e utilizzare la Calabria come "cuscinetto", ma prevalse la seconda ipotesi.

Intanto nel gennaio del 1806[16] il re Ferdinando partì nuovamente per Palermo mentre a febbraio le truppe francesi entravano a Napoli. Il 16 Craig sbarcò a Messina e a fine marzo le truppe francesi del generale Reyner avevano già raggiunto le posizioni meridionali della Calabria entrando a Reggio e costringendo il nemico a raggiungere preventivamente Messina imbarcandosi a Bagnara, Scilla, Punta Pezzo, Pentimele e Reggio Calabria. La minaccia di conquista della Sicilia da parte francese si era fatta concreta con l'arrivo di 10.000 uomini sulla riva calabra dello Stretto. Tuttavia i primi tentativi di concentramento di battelli e artiglierie utili all'assedio di Messina, furono spenti dalla marina inglese durante il trasferimento da Taranto a Punta Pezzo. Sul versante siculo intanto si riunivano 8000 uomini inglesi, mentre 12.000 borbonici erano dislocati in Sicilia e Gaeta. La prime azioni offensive nell'area dello Stretto non tardarono ad arrivare, il 24 aprile infatti il comandante del mediterraneo centrale ammiraglio Smith ordinò il cannoneggiamento di Reggio. Iniziava la guerra peninsulare, che avrebbe visto la Calabria al centro delle maggior parte delle operazioni belliche, in quanto frapposta tra i territori francesi a nord ed anglo siciliani a sud. Nel luglio 1806 si registrarono in particolare la resa di Gaeta, che seppur ricadente nell'ex regno di Napoli non era stata ceduta ai francesi per il rifiuto del governatore, la battaglia di Maida vinta dagli inglesi, la battaglia

---

[13] ILARI-CROCIANI-BOERI 2008, Vol. I, pp. 119, 131, 142, 156, 322, 328, 333, 335.
[14] National Archive of the United Kingdom FO 70/26 (Mulgrave a Smith 20 marzo 1805; Smith a Craig 17 agosto 1805; Smith a Mulgrave 24 ottobre 1805). GREGORY 1988 p. 30.
[15] Comandate generale del Mediterraneo.
[16] Nel luglio 1806 fu istituito l'arsenale di Messina ceduto agli inglesi.

di Mileto vinta dai francesi, l'attacco e sbarco inglese a Reggio, l'assedio e la presa di Scilla (figg. 2, 3) e conseguente ritirata francese a nord tra attacchi e contrattacchi.

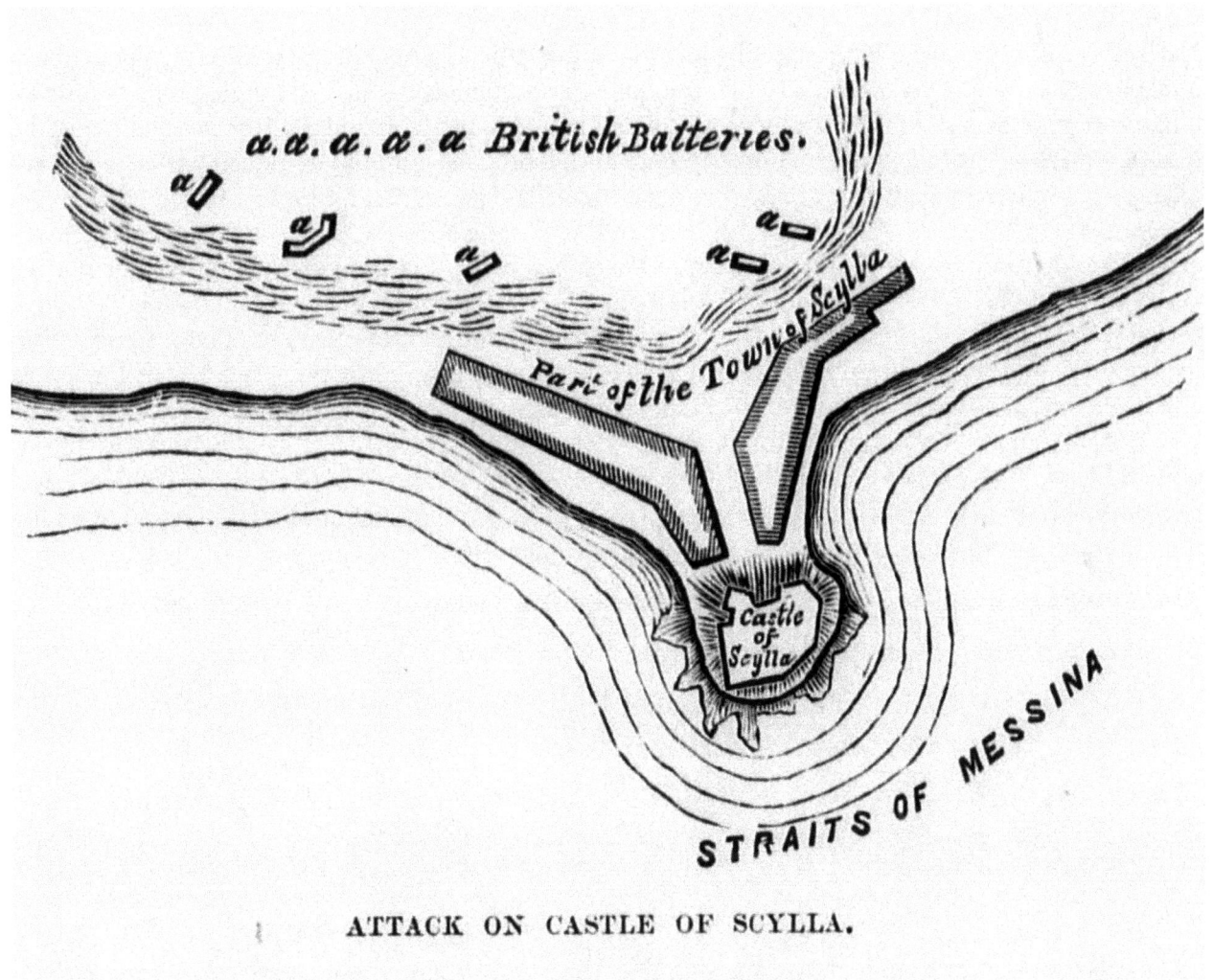

ATTACK ON CASTLE OF SCYLLA.

Fig. 2 Assedio inglese al castello di Scilla nel luglio 1806, la posizione fu recuperata e tenuta dagli inglesi fino al gennaio 1808 (da PORTER 1889)

Nel 1807 cadevano nelle mani francesi alcuni presidi calabresi dei ribelli borbonici, come Amantea e Belmonte. Nel dicembre 1806 le truppe inglesi in Sicilia comandate dal ten. generale Fox constavano di 17559 unità compresi i reparti distaccati. Nel 1807 si ridussero a 14.250[17], mentre nel maggio 1807 l'esercito borbonico aveva 3700 uomini in Calabria, 5000 a Palermo e 2.000 a Messina e Milazzo. Nel luglio dello stesso anno tra Messina e Siracusa erano di stanza 10.000 soldati inglesi. L'obiettivo francese era quello di insediarsi saldamente sulla riva calabra dello Stretto per sbarcare in Sicilia, riconquistando in modo particolare l'importante presidio fortificato di Scilla, posto a nord dello Stretto quasi dirimpetto a Capo Peloro, luogo di sbarco utile per l'assedio di Messina. Tuttavia Napoleone aveva dato mandato a Murat di diffondere la notizia circa uno sbarco in Sicilia a scopo diversivo, per distogliere l'attenzione inglese sul fronte spagnolo.

Nell'anno 1808 fu firmata a Palermo l'alleanza anglo siciliana che prevedeva un sussidio della Gran Bretagna al re di Sicilia per difendere l'Isola di 300.000 sterline[18]. Dopo la conquista di Capri, i francesi ridiscesi verso sud dopo vari combattimenti contro le forze inglesi e i volontari locali, riuscirono nel mese di febbraio a conquistare Scilla che cadde insieme a Reggio. I francesi dunque due

---

[17] BUNBURY 1854, pp. 459, 460, 461.
[18] National Archive of the United Kingdom PRO, FO 94/272 e 94/273. SALEMI 1937, p.72.

anni dopo ritornarono in riva dello Stretto, mentre il maresciallo dell'impero Murat veniva nominato nuove re di Napoli. Da parte inglese invece tornava a Messina il ten. generale Stuart, in qualità di comandante in capo delle forze terrestri.

Nel 1809 fu stretto un nuovo trattato di alleanza anglo-siciliano, col quale l'Inghilterra si impegnava a mantenere in Sicilia un corpo di 10.000 uomini e che aumentava il sussidio inglese alla corona siciliana, sempre per scopi difensivi, a 400.000 sterline[19]. Gli anglo siciliani col sostegno di Austria, Russia e Prussia, procedettero con la spedizione in Calabria che culminò con quelle di Ischia e Procida, concluse con la distruzione delle fortificazioni delle due isole. Il 24 luglio la spedizione avviò il rientro verso Milazzo e Palemo con un bottino di 1500 prigionieri e 100 cannoni[20]. Il 1809 fu anche l'anno dell'insorgenza popolare in tutta la Penisola italiana, forse paragonabile solo a quella che si era verificata nel 1799. Nel regno di Napoli non ebbe la forza delle masse mobilitate in Abruzzo, Cilento, Basilicata e Calabria tra il giugno e dicembre del 1806, ma assunse più un carattere di brigantaggio[21]. In seguito al rientro della spedizione inglese a Ischia e Procida, la corte siciliana fece compiere una dimostrazione navale autonoma con le fregate Venere e Sirena, la galeotta Veloce e 13 lance. Il 14 agosto la flottiglia ritornò a Ischia non ancora rioccupata e il 15 si portò a tiro di cannone da Napoli, rientrando poi il 20 a Ponza, fino a novembre ancora in possesso britannico[22]. Nel quadro bellico fin qui delineato viene ad inserirsi il timore di un probabile sbarco francese in Sicilia che si concretizzerà, come si vedrà più avanti, nel settembre 1810.

Fig. 3 La rupe di Scilla con il relativo castello (Foto Donato)

---

[19] SALEMI 1937, pp.157-161.
[20] ILARI-CROCIANI-BOERI 2008, Vol. II, pp. 596-601
[21] ILARI-CROCIANI-BOERI 2008, Vol. II, pp.601-605.
[22] ILARI-CROCIANI-BOERI 2008, Vol. II, pp.605-606; 912.

CAPITOLO 2

La difesa della piazza di Messina

I piani difensivi

Secondo von Clausewitz, in generale l'efficacia di una piazzaforte si componeva di due diversi elementi: passivo e attivo. Mediante il primo proteggeva la località e tutto quanto in essa contenuto; col secondo esercitava una certa influenza sulla regione circostante, anche al di là del raggio di azione delle artiglierie della Piazza. L'elemento attivo si riferiva agli attacchi che la guarnigione poteva intraprendere contro qualunque avversario avvicinatosi fino ad un certo limite. Quanto maggiore era la forza della guarnigione, tanto maggiori i nuclei di truppe che potevano essere inviati all'esterno; e quanto maggiore era la forza dei nuclei, tanto più essi, entro un certo limite e in concorso con le aliquote d'esercito collegate, potevano allontanarsi dalla Piazza. Ne conseguiva che ad una grande Piazza corrispondeva un più ampio raggio attivo di efficacia, sia in termini di intensità che di estensione. Le piazzeforti erano dunque ottimi appoggi per la difesa, potendo essere efficaci sotto molteplici aspetti, ovvero come depositi protetti di derrate e dotazioni varie; a protezione di città grandi e ricche, di alloggiamenti o di una provincia estesa; come castelli propriamente detti; punti d'appoggio tattici; località di truppa; luogo di rifugio di corpi deboli o battuti; scudo vero e proprio contro l'attacco avversario; punto centrale di una popolazione in armi; difesa di corsi d'acqua e di monti[1].

Nel 1799 fu approvato il piano organico per la difesa della Sicilia a cura del maresciallo di campo Persichelli, che prevedeva la costruzione di nuove barche cannoniere, la fortificazione e il presidio dei punti strategici, il posizionamento di batterie di artiglieria, la riorganizzazione delle truppe di linea e la fusione di nuovi cannoni a cura di straniero artefice[2]. Nel territorio di Messina procedendo da nord verso sud, furono armate rispettivamente:
- una batteria di tre cannoni da 36 libbre[3] nella rada di Mortelle;
- 6 cannoni da 36 e 4 mortai da 12 (in aggiunta) presso la Torre del Faro;
- una batteria trincerata con 12 cannoni da 36 per lato alla Madonna di Piedigrotta o al Paradiso;
- nella Piazza di Messina 3 batterie provvisorie difese con doppio recinto di stecconate e armate ciascuna con 24 pezzi da 36 di cui:
- una sul bastione di città;
- una sul gomito del braccio di S. Raineri (porto falcato);
- una accanto alla chiesa dei Basiliani (San Salvatore dei Greci).

Lo stesso anno anche da parte britannica si pensava di fortificare la Sicilia e la linea costiera tra Messina e il Faro. Lo conferma il rapporto inviato all'ambasciatore inglese a Napoli, redatto dal ten. generale Stuart in qualità di ispettore delle difese siciliane. Circa le torri, il generale ne consigliava cinque a prova di bomba, utili ad ospitare una guarnigione di 30 uomini ciascuna, da edificarsi: due a Milazzo una a Grotta, una al Faro e una sulla sponda opposta (calabra) dello Stretto[4].

---

[1] VON CLAUSEWITZ 2012, pp. 499-509.
[2] *Archivio Storico Siciliano,* Vol. 44, 1922, pp. 315-316.
[3] Una libbra borbonica è pari a 514 gr.
[4] CLEMENTS 2011, pp. 127-128.

Nel maggio 1798 a scopo precauzionale, furono trasferirti in Sicilia 20000 soldati, ma cessato l'allarme vi rimasero solo sei reggimenti più 23000 uomini della milizia urbana. Nel frattempo la piazza di Messina era retta da un governatore col grado di tenente generale e quella di Torre del Faro da un tenente colonnello. La Sicilia divenne strategica piattaforma logistica utile all'avvicendamento delle truppe inglesi, russe e borboniche, allo scopo di operare nello scacchiere mediterraneo contro le forze francesi. Seppur in uno stato di apparente neutralità, le tensioni internazionali e le attenzioni francesi verso l'isola non erano venute meno.

Fig. 4 Cittadella di Messina (sec. XVII), fronte meridionale, sommità del bastione Santo Stefano, uno dei due rimasti rispetto ai cinque originari (Foto Donato)

Sin dal febbraio 1799 gli inglesi erano a Messina con due battaglioni del 30° e 89° reggimento di fanteria allocati nella Real Cittadella, il cui presidio era al comando del colonnello poi brigadier generale Graham. Nel 1801 fu formata in Sicilia la quarta divisione di fanteria borbonica composta da due brigate, di cui l'ottava con sede a Messina. Nel 1802 il comando delle Armi di Sicilia fu affidato al tenente generale Bourcard e la direzione del Genio al brigadiere Guillamat. La milizia urbana di Messina contava tre reggimenti, di cui uno di città e due delle forie di tramontana e mezzogiorno. Nel biennio 1803-1805 la piazza fu comandata dal tenente generale Danero, diretto superiore del caposquadra Espluga, comandante del dipartimento, e del brigadiere Guillichini in veste di governatore politico e militare. Il porto era diretto dal capitano di vascello Ramon, mentre i principali presidi fortificati della città erano:
- Cittadella (figg 4, 5, 6, 7, 8, 9) comandata dal tenente di Re Lettieri;
- Castello del SS. Salvatore (fig, 10), colonnello Rueda;
- Castello Gonzaga (fig. 11), tenente colonnello d'Estillir;
- Castellaccio (fig. 12), maggiore Oliveras;
- Fortino della Grotta (fig. 13), alfiere La Scala;
- Torre del Faro, Capo Peloro (fig. 14), colonnello de Almagro[5].

---

[5] ILARI-CROCIANI-BOERI 2008, Vol. II, pp. 851-854.

Fig. 5 Cittadella di Messina, bastione San Diego. (Foto Donato)

Fig. 6 Cittadella di Messina, l'avanticortina che congiungeva la controguardia Santo Stefano alla San Carlo, vista dal bastione Santo Stefano (Foto Donato)

Fig. 7 Cittadella di Messina, ingresso monumentale dell'avanticortina (Foto Donato)

Fig. 8 Cittadella di Messina, controguardia Santo Stefano, particolare di una delle due cannoniere della faccia orientale (Foto Donato)

Fig. 9 Cittadella di Messina, ingresso della lunetta Carolina, opera avanzata (sud) aggiunta nel 1770 e intitolata alla consorte del re Ferdinando IV, Maria Carolina d'Asburgo-Lorena (Foto Donato)

Fig. 10 - Cortina settentrionale del castello del Santissimo Salvatore (sec. XVI; Foto Donato)

Fig. 11 Fronte occidentale del castello Gonzaga (sec. XVI; Foto Donato)

Fig. 12 Castellaccio (sec. XVI), bastione angolare sudorientale (Foto Donato)

Fig. 13 Fortino della Grotta (Foto Donato)

Fig. 14 Torre del Faro (Foto Donato)

La situazione nell'anno 1810

Giunte le truppe franco-napoletane in riva allo Stretto nel 1810, il re Murat pose il suo quartier generale a Piale (figg. 15, 16), in posizione dominante ad una quota di circa 150 m presso l'ingresso settentrionale dello Stretto. Inoltre fortificò in modo particolare il tratto nord della costa calabra dirimpettaia a quella di Capo Peloro, ovvero tra Punta Pezzo e Scilla, con relativi approdi e flottiglia. Murat poteva contare su un esercito forte di 30000 uomini francesi corsi e napoletani, distribuiti in tre divisioni.

§ *Le posizioni anglo-borboniche*

È lecito a tal proposito riportare quanto scriveva il capitano Mallardi, il primo luglio 1810 a Campo Piale.

> Noi siamo accampati in una piccola vallata alla parte opposta del mare, e sulla sommità del colle si trova già allestita la tenda del re, composta di uno splendido salone e di sei piccole sale; sopra il salone centrale sventola un magnifico stendardo in seta con i colori francesi, quasi in segno di sfida alla riva opposta tenuta dagli anglo siculi. Questo sito è molto bello; il famoso stretto ci è d'innanzi col suo bellissimo orizzonte; di fronte Torre del Faro e la bella Messina. Qui siamo sempre sotto gli ordini del generale Cesare Dery comandante in capo della guardia reale [6]

Di conseguenza sul fronte anglo siciliano si intensificarono i lavori di fortificazione con batterie, torri, trinceramenti e ridotte. Il tenente colonnello Bryce, comandante degli ingegneri dell'esercito anglo siciliano, descrivendo la situazione alquanto difficile per via dei preparativi del re Murat per sbarcare in Sicilia, affermava:

Fig. 15 Campo Piale (nella freccia), sede del quartier generale di Murat, visto da località Menaia, in cui furono armate varie batterie inglesi; a sinistra si nota l'ingresso settentrionale dello Stretto con Capo Peloro e Scilla. (Foto Donato)

---

[6] MALLARDI s.d., p. 95.

Fig. 16 La costa settentrionale sicula vista dal Piano di Matiniti, poco più a monte di Campo Piale (Foto Donato)

He is encamped between the Point of Pizzo and Scylla, where the straits are only two miles wide, with a force, as nearly as we can learn, of about 25000 men. His naval means are, I believe, about eighty heavy gun-boats, as many lighter armed boats, four galleys, and about 450 transport boats for troops. We now have about 120 armed boats of various descriptions; two ships of the line and two frigates are moored in convenient situations for protecting the beach, whilst the Admiral, with two others, is cruising outside the Faro. All our troops are collected here, excepting the garrisons of Augusta, Syracuse, Melazzo, and Trapani. The whole coast on each side of Messina has been furnished with sea batteries, on traversing platforms-emplacement for field artillery and troops. And an important point, the extremity of the great ridge of mountains, which terminate near the Faro, and the key of the whole of the narrow part of the straits, has been strongly entrenched with field works, with a redoubt [7] on the top, which in a short time will, I trust, be capable of sustaining a short siege, should we be forced to leave it, for two or three days, to its own resources, whilst we are concentrating own means for a general attack, before he can establish himself firmly at the Faro. Roads of communication have been formed in all directions, and an entrenched camp for covering Messina marked and forming. I think I may now venture to say that we are, as far as Murat's force is concerned, in a very good state of defence, and I assure you the fatigues and exertions of the corps here have not been small, weakened as we are by the necessary detachments[8]

La costa settentrionale fu il settore maggiormente interessato da lavori campali e permanenti, in quanto morfologicamente[9] più idoneo a potenziali sbarchi nemici. Il Cockburn elenca le opere erette e dislocate da nord verso sud:

---

[7] Bryce si riferisce alla ridotta del telegrafo in zona Spuria, considerato un importante potenziale obiettivo del nemico, così come l'area di Capo Peloro, nel frattempo trasformata in campo trincerato.
[8] LEWIS 1857, pp. 37- 38.
[9] La distanza tra la sponda calabra e quella sicula, è nel punto più breve di circa 3200 m. I due opposti schieramenti erano in costante contatto visivo, tantoché lo stesso colonnello Bunbury nel luglio 1810, poté vedere per mezzo di un telescopio il re Murat fuori dalla sua tenda presso Piale, discutere e gesticolare insieme ai suoi ufficiali armato di binocolo e mappa, circa l'obiettivo di Torre Faro.
Curioso inoltre il fatto descritto dal colonnello Maceroni, ufficiale al servizio di Murat, il quale racconta che gli inglesi posizionarono un grosso cannone da 48 libbre (detto *the Faro gun*) su una collinetta presso la torre del Faro, sparando sul quartier generale di Murat e uccidendo uno dei suo cavalli.

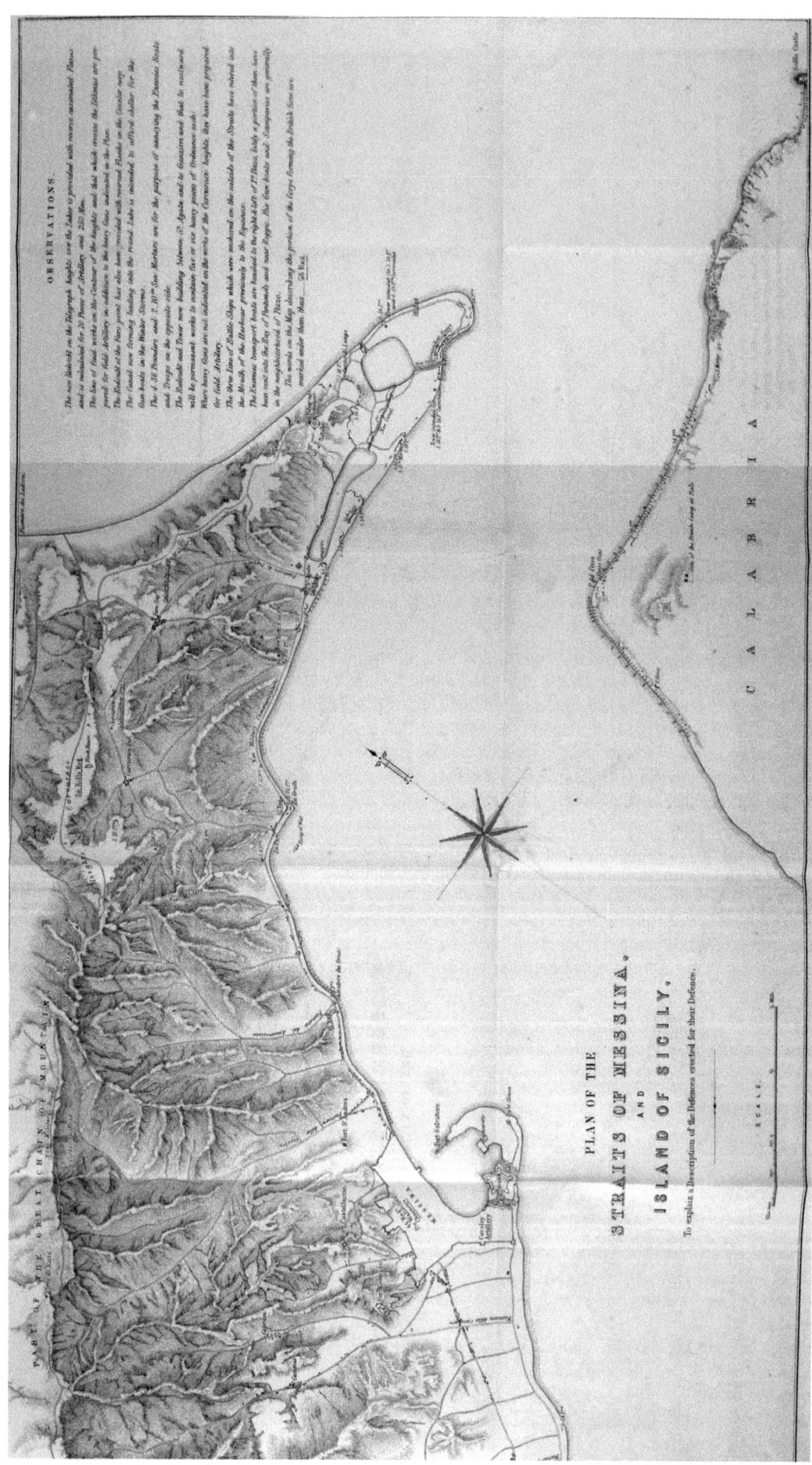

Fig. 17 Pianta del piano difensivo di Messina, luglio 1810 (da PAPERS 1853)

- un cannone da 24 libbre in piattaforma circolare (traversing) presso la Torre del Faro;
- una batteria costiera al Faro;
- una a Ganzirri più una di mortai;
- una presso la Fiumara Guardia;
- una a Grotte;
- una a San Salvatore dei Greci;
- una ridotta sulle colline prospicienti il Faro;
- una a Curcuraci;
- una a Grotte;
- una torre martello a Ganzirri;
- una torre martello presso la Fiumara Guardia[10].

La linea si congiungeva con le varie fortificazioni permanenti della Piazza, procedendo poi sino a sud sino a Tremestieri e Mili.

Fig. 18 Forte Spuria, luogo in cui sorgeva la ridotta per il telegrafo, oggi occupato dalla torre che tra gli anni Trenta e Quaranta del Novecento ebbe funzioni di stazione semaforica, telegoniometro e comando di gruppo, nell'ambito della difesa navale della Piazza (Foto Donato)

Il Clements invece dichiara quattordici batterie in barbetta e cinque torri martello, oltre a trinceramenti e ridotte lungo la costa tra Messina e la torre del Faro. Certamente più completa è la mappa[11] inglese del piano per la difesa dello Stretto (fig. 17), del luglio 1810 a cura del ten. col. Bryce. Essa indica nel dettaglio l'ubicazione delle installazioni sulla sponda calabra e sicula, nonché gli approdi protetti, i reparti schierati, le vie di comunicazione esistenti e quelle appositamente aperte. Sul versante siculo procedendo da nord sino al limite meridionale della Piazza, sulla costa e sui rilievi, erano armati i seguenti pezzi:

---

[10] COCKBURN 1815, Vol. 2, pp. 308-310
[11] Contenuta in *Papers on subject connected whit the duties of Royal Engineer,* Vol. III Londra 1853.

- colline di Granatari (figg. 18, 19), ridotta con telegrafo e casematte per 250 uomini e undici pezzi di artiglieria;
- Mortelle, sette cannoni da 16 libbre[12], due da 24 libbre e una torre martello per cannone da 24 più tre carronate dello stesso calibro;
- Punta del Faro; nove pezzi da 24;
- villaggio di Torre Faro, due pezzi da 24 presso la bocca del canalone[13], una torre martello per un pezzo da 24 più tre carronate dello stesso calibro;
- tra Torre Faro e Ganzirri, quattro pezzi da 36[14], due da 12 e due mortai da 10 pollici, cinque pezzi da 24;
- tra Ganzirri e S'Agata: sette pezzi da 24;
- Sant'Agata: tre pezzi da 24 e due da 12;
- Fiumara Guardia : forte con 5 pezzi da 24, un pezzo da 12;
- colline di Curcuraci: un fortino, 6 pezzi da 18, due pezzi da 16;
- Grotte: due pezzi da 12;
- Grotte (chiesa): 3 pezzi da 24;
- tra Pace e San Salvatore dei Greci: sei pezzi da 6;
- San Salvatore dei Greci: tre pezzi da 18;
- A sud della Piazza la linea fortificata proseguiva presso la foce dei torrenti Camaro e Bordonaro con due pezzi da 24 e altre batterie.

Fig. 19 Il sottostante locale voltato a botte e dotato sul versante occidentale di varie aperture (Foto Donato)

Si trattava dunque di un corposo sistema difensivo[15] dotato di una *cintura* di batterie utili ad impedire l'avvicinamento nemico alla costa, suddivisa in settori sorvegliati da appositi reparti di fanteria. Varie altre opere tra trinceramenti e ridotte avevano lo scopo di chiudere gli accessi alle fiumare e alle principali vie di comunicazione verso il cuore della Piazza e degli altri obiettivi sensibili. Le

---

[12] Una libbra inglese è pari a 453,6 grammi. Sicché calcolando 453,6 per le libbre indicate per i vari pezzi di artiglieria, si ottiene il peso della palla in uso.
[13] Dotato di approdo protetto ancora oggi esistente.
[14] Il 33 e il 36 libbre erano calibri esclusivamente francesi o borbonici, così come prescritto nei relativi regolamenti.
[15] I lavori erano eseguiti da genieri inglesi, maltesi e un piccola squadra di siciliani.

batterie costiere erano tutte in barbetta, protette da un parapetto di terra alto circa 2 metri, rivestite internamente in pietra e mattoni e dotate di piattaforme, bordi e perni in muratura. Una seconda linea fortificata e armata con varie batterie da campagna, era a guisa di fronte a terra, ritirata sulle colline della città, in modo da controllare strade e torrenti e respingere eventuali penetrazioni di forze nemiche riuscite a sbarcare. Circa il numero delle truppe presenti, il Cockburn indica 14450 uomini dislocati tra Contesse, Messina e Faro, più 3100 distaccati a Milazzo, Taormina, Siracusa, Augusta e Trapani[16].

Fig. 20 San Placido Calonerò, il chiostro dell'antico monastero, presidio dei reparti tedeschi che presero parte ai combattimenti del settembre 1810 (Foto Donato)

La marina al comando dell'ammiraglio Martin invece poteva contare su tre vascelli da 74 cannoni, 4 brigantini armati, 100 grandi barche cannoniere, 30 scampavia, ovvero le galee siciliane. Le navi, a parte il sicuro porto falcato, erano distribuite in appositi punti protetti, a punta Faro, S. Agata, Grotte, San Salvatore dei Greci, foce del torrente Giostra. Essendo la fronte della Piazza piuttosto estesa, era necessario provvedere alla difesa contro potenziali azioni di aggiramento nemico sia sui fianchi che da tergo. Non a caso infatti i presidi a sud si estendevano sino a Contesse, San Placido Calonerò (fig. 20), Scaletta (figg. 21, 22), Sant'Alessio (figg. 23, 24, 25), Taormina, e Milazzo (fig. 26) verso nord-ovest.

La piazza di Messina rappresentava dunque una *posizione forte*, affiancata nella sua funzione dall'adiacente campo trincerato di Capo Peloro adeguatamente difeso e fortificato. Di notevole rilevanza logistica e strategica nel contesto del piano difensivo, risultava l'area del Piano dei Campi; luogo caratterizzato da un altopiano sulle colline a nord della città, a 450 metri di quota, soprastante il casale di Curcuraci. Il toponimo originario si riferisce chiaramente alle frequentazioni militari a partire da epoche remotissime sino a pochi decenni addietro. Non si fece eccezione nel periodo in

---

[16] COCKBURN 1815, p. 309.

Fig. 21 Dongione di Scaletta Zanclea (sec. XIV; Foto Donato)

Fig. 22 Scaletta Zanclea, la batteria sottostante il dongione (Foto Donato)

Fig. 23 Sant'Alessio Siculo, torrione cilindrico (Foto Donato)

Fig. 24 Sant'Alessio Siculo, torre poligonale soprastante il torrione cilindrico (Foto Donato)

Fig. 25 Forza D'Agrò, posto vedetta (Foto Donato)

Fig. 26 Il castello di Milazzo: si nota in particolare sulla destra il nucleo originario normanno ed a sinistra le mura bastionate spagnole (Foto Donato)

questione, allorquando il sito fu ribattezzato Campo o Quartiere Inglese (figg. 27, 28, 29, 30, 31), ad indicare uno dei più cospicui presidi britannici presenti nel territorio peloritano e non solo. Il sito già forte per natura nonché pianeggiante, ampio, salubre, fertile, ricco di vegetazione e acqua, si prestava perfettamente all'espletamento di esercitazioni e all'edificazione di insediamenti militari. Inoltre la posizione dominante sulla dorsale spartiacque dei monti Peloritani, dirimpetto alla costa settentrionale calabra, facilitava l'avvistamento e la difesa arroccata contro eventuali penetrazioni nemiche su ben sei fiumare e nel contempo conferiva una elevata strategicità, permettendo il controllo dell'intero Stretto di Messina, ed estendendosi quasi a giro d'orizzonte.

Seppur la presenza inglese a Messina risalga al 1799, i primi insediamenti in tale luogo e più in generale in città, sono ascrivili al 1805-1806. Il 1810 vide a un significativo incremento dei presidi del Campo Inglese, da cui erano facilmente osservabili tutte le installazioni e i movimenti nemici sulla sponda opposta, compreso il quartier generale del Murat a Piale. Ciò consentiva l'approntamento di più efficaci attività di allarme e tempestivo intervento grazie ad una rete viaria appositamente aperta, che permetteva in caso di emergenza, di giungere agevolmente con uomini e artiglierie presso i presidi della costa nord, quelli della ridotta del telegrafo di Spuria sino a Capo Peloro e quelli della città di Messina. In quell'anno dunque la presenza militare aumentò sensibilmente così come i lavori di fortificazione, mentre a presidio giunsero i circa 1000 uomini del reggimento *De Roll* insieme ai militi dei *Calabrian Free Corps*, accampati a Curcuraci e nel villaggio di Faro Superiore, posto più a valle. Il campo inglese era obiettivo di uno dei non attuati sbarchi francesi a nord, presso la fiumara di Sant'Agata, nel quale lo stesso Murat sarebbe dovuto giungere con la guardia reale.

Fig. 27 Visione d'insieme dell'altopiano del Campo Inglese (Foto Donato)

Interessanti sono le notizie circa la presenza dei militi inglesi a Curcuraci, provenienti dalla documentazione conservata nella parrocchia e raccolta nel volume a cura del Torre. Il governo britannico aveva concesso la possibilità ai familiari di raggiungere i soldati ovunque si trovassero in armi. Ne giunsero anche a Curcuraci, ospitati temporaneamente nelle abitazioni e nelle case coloniche della parrocchia la quale, trattandosi in massima parte di cattolici, era regolarmente frequentata tantoché vi furono celebrati vari battesimi con padrini e madrine del posto. L'ultimo battesimo di un bambino inglese celebrato nella parrocchia di Curcuraci risale al 26 febbraio 1811[17].

Fig. 28 L'ingresso settentrionale dello Stretto visto dal Campo Inglese (Foto Donato)

Fig. 29 Punto di osservazione avanzato del Campo Inglese (Foto Donato)

---

[17] TORRE 1986, pp. 26, 28- 30.

Fig. 30 Campo Inglese, il luogo in cui nell'estate del 1810 era accampato il reggimento De Roll, oggi occupato dalla batteria costiera Masotto (fine del sec. XIX; Foto Donato)

§ *Le posizioni francesi*

Per quanto riguarda le forze francesi sulla sponda opposta dello Stretto, il Cockburn calcola 20500 uomini e circa 400 navi di vario tipo e grandezza, sistemate presso i punti di Scilla, Cannitello, Punta del Pezzo, Villa San Giovanni, Pentimele. Le artiglierie francesi erano dislocate lungo la linea costiera da nord verso sud presso:

Scilla: due cannoni da 33 libbre;
- Torre Cavallo: un cannone da 33 lungo, più uno leggero, ed un mortaio di grosso calibro;
- Fiumara del Cavallo: 3 cannoni da 33, 2 da 24 e 2 da 18;
- Chiesa Bianca: 7 cannoni da 33 e un mortaio;
- Punta del Pezzo: 3 cannoni da 33;
- Inoltre altre batterie e ridotte sino a Reggio Calabria[18].

La mappa del tenente colonnello Bryce invece, oltre quelle da campagna, indica in particolare le seguenti artiglierie costiere:
- Castello di Scilla;
- Torre Cavallo: 2 cannoni da 36 libbre;
- Altafiumara- Porticello: una batteria di mortai;
- Cannitello: 5 cannoni da 36;
- Portosalvo: 5 cannoni da 36;
- Punta del Pezzo: varie batterie di grosso calibro;
- Villa San Giovanni: 2 cannoni di grosso calibro.

L'obiettivo francese era quello di effettuare tre sbarchi simultanei, di cui uno presso il fianco sud della Piazza di Messina e due presso quello nord, in modo da stringerla in assedio. Il possesso di Messina era infatti dal punto di vista strategico e logistico, fondamentale per la conquista della Sicilia. L'area dello Stretto si poneva quindi come base di operazioni a cura dei due opposti schiera-

---

[18] COCKBURN 1815, pp. 311- 312.

menti: quello franco napoletano sulla costa calabra intento a studiare e saggiare le difese e le mosse nemiche, al fine di elaborare efficaci piani di sbarco e invasione; quello anglo siciliano sulla costa sicula, pronto alla difensiva per respingere gli attacchi, le incursioni e gli sbarchi nemici. Entrambe le parti però non disegnavano di scambiarsi varie azioni di disturbo e di cannoneggiamento. Le forze francesi in particolare, seppur in procinto di invadere la Sicilia, dovevano nel contempo adottare i necessari accorgimenti per difendersi dalle incursioni nemiche. Lo stesso Murat indicherà oltre cinquanta combattimenti sostenuti dalla sua marina nello Stretto di Messina, tra giugno e settembre del 1810.

Fig. 31 Località Ortoloco, Menaia; a sinistra e al centro in alto, l'altopiano del Campo Inglese che sovrasta il villaggio di Curcuraci a destra in alto, in cui nel 1810 erano di stanza i militi del Calabrian Free Corps (Foto Donato)

CAPITOLO 3

Lo sbarco dei reparti corsi e napoletani a sud di Messina

Gli avvenimenti

Il re Murat stabilì l'inizio delle operazioni di sbarco per la sera del 17 settembre 1810. È opportuno a tal proposito riportare le testimonianze dirette di alcuni soldati francesi, contenute nel diario di Giuseppe Mallardi, capitano della guardia reale di Murat.

22 settembre 1810. Tutta la giornata di ieri la passai a Reggio, ove il re desiderò trattenersi per assodare molte cose. Godendo la mia piena libertà, cercai conoscere dettagliatamente i particolari di quell'audace sbarco sulla costa siciliana, interrogando graduati e militi che vi avevano preso parte.
Un tenente del 5° di linea qui di stanza poco mi seppe dire all'uopo; ma però mi presentò ad un suo vecchio tenente di circa quarant'anni del reggimento Real Corso, che nell'azione era restato leggermente ferito al braccio destro.
Egli ci accolse affabilmente, e quasi piangendo per la forte percentuale data dal suo reggimento, fra morti e prigionieri, così si espresse: "Appena cessato come per incanto la sera del 17 volgente quel forte vento di levante che aveva sconvolto in tempesta il placido stretto, da obbligare la squadra inglese a prendere rifugio nel vicino porto di Messina, noi del 1° battaglione del Real Corso, verso le 10 pom. abbiamo l'ordine del generale Cavaignac di prendere imbarco su15 lancioni, serviti da ottimi marinai. Prese imbarco con noi anche il Sig. Zenardi, generale in secondo, che ci doveva seguire con la seconda spedizione, della quale già cominciava di imbarcarsi il 1° battaglione del 4° di linea, comandato dal colonnello D'Ambrosio; questi due battaglioni furono destinati quale antiguardo. Tosto, a furia di remi e vele, fummo, molto lontani dal lido.
La traversata fu coronata da buon successo, senza ostacolo o incidente alcuno. Appena incominciò lo sbarco, misimo in fuga una cinquantina di militi inglesi. Fra i primi a prendere terra fu il generale Zenardi, che diresse lo sbarco con molta celerità ed esattezza. La seconda spedizione arrivò tosto, ed anch'essa con molta speditezza seguì lo sbarco, diretto dal colonnello D'Ambrosio. Come vedete, lo sbarco avvenne verso le 2.40 ant.; il convoglio delle barche ritornò sulla spiaggia calabra per imbarcare un battaglione del 3° di linea al comando del colonnello Rossarol, ed un altro del 2° leggieri al comando del colonnello Graziani; il resto del grosso della spedizione veniva col generale Cavaignac.
Arrivati, come più su ho detto, sul suolo siciliano, si dovette per circa un'ora indugiare, poiché il generale Zenardi aspettava dei segnali convenuti, per mezzo di razzi, per conoscere quello da farsi, e durante l'aspettativa, presimo posizione su di un'altura prossima al mare, presso la fiumara di S. Stefano.
Il cielo cominciava ad albeggiare, e non si scorgevano ancora né segnali né il grosso della spedizione. In simile e difficile circostanza, il nostro generale supponendo qualche malaugurato incidente che avesse impedito le comunicazioni, ideò di mandare nel prossimo villaggio di S. Stefano una mezza compagnia del 4° di linea per sondare le acque; ma tosto dovette ritornare indietro, dopo diversi spari di fucile, avendo trovato quella popolazione molto ostile. In questo stato di perplessità, il generale Zenardi stava decidendo con i due colonnelli il da farsi in simile e spinoso caso, quando scorgemmo in lontananza il grosso della spedizione che veniva.
Lo sbarco avvenne a circa 400 tese da noi, ed in un punto agevole, diretto dal generale Cavaignac. Il nostro battaglione ed il 4° di linea avemmo l'ordine di muoverci verso l'interno su alcune colline; presso la Contessa, e da quel posto vidimo l'intero convoglio di barche e lance staccarsi dalla riva sicula e ritornare sulla costa calabra per il trasporto di altre truppe ed artiglierie.
Il re, visto il felice esito della nostra spedizione, ordinò al generale in capo francese Grenier, di imbarcare le due divisioni francesi, sotto gli ordini dei due generali Lamarque e Partouneaux; ma il Grenier si negò decisamente per ordini superiori (secondo che si dice). Allora il re dovette segnalare per telegrafo il reimbarco subito alla divisione Cavaignac per il nostro lido, ed alle cannoniere proteggere a qualunque costo il convoglio delle truppe.
L'ordine però era venuto quando l'intero convoglio di barche era ben lungi da noi. Si dovette alla fortuna di una lancia del generale Cavaignac, che di persona vi s'imbarcò, se si potette raggiungere a ranca forzata il convoglio di barche che si dirigeva sulla nostra costa.
Tutte le barche del convoglio allora per ordine espresso del Cavaignac, a ranca forzata ritornarono indietro e fortunatamente si potette dare il tempo di rimbarcare il grosso della divisione per l'acume e la sveltezza del generale in capo. Molta confusione successe nell'imbarcazione, come avviene in simili circostanze; ma relativamente la cosa andò bene.

Al prode colonnello D'Ambrosio fu dato il penoso incarico di proteggere la ritirata con circa 400 uomini del suo battaglione e del Corso, e così si ebbe la fortuna della salvazione della divisione.

D'Ambrosio si è sacrificato per il bene di tutti, fronteggiando con tutto il sangue freddo ed abilità quella masnada di soldatesca, dieci volte superiore. Noi eravamo sulle colline ed i più lontani dall'imbarco; io per poter avere la fortuna d'essere fra i partenti, benché ferito ad un braccio, mi gittai in mare, ed a nuoto fui ricevuto a bordo d'una barca per la qualità d'uffiziale da me rivestita; molti miei compagni e colleghi sono rimasti sulla opposta riva prigionieri.

Ieri per ordine del generale Cavaignac fu chiamato l'appello a tutti i reggimenti che presero parte allo sbarco in Sicilia; al real Corso non risposero 489, al 2° infanteria leggiera 45, al 4° di linea 167, al 3° di linea 38, più il colonnello D'Ambrosio con 43 uffiziali." Dopo questa lunga e dettagliata narrazione ringraziai sentitamente questo bravo soldato di tanta cortesia, e mi licenziai.

Il mio collega del 5° di linea mi fece chiamare il mio compaesano Vito Lerario, che appena mi vide gli s'inumidirono gli occhi per la gioia; lo pregai di chiamarmi dal 4° di linea Pedote Pasquale fu Giambattista. Anche questo giovinotto di circa 20 anni, commosso nel vedermi, tosto mi baciò la mano, dicendomi che il protettore S. Vito, lo aveva salvato da certa morte, e così prese a narrare:

"Partito con la seconda spedizione al comando del nostro colonnello D'Ambrosio, arrivammo quasi contemporaneamente con la prima. Ivi restammo fermi circa un'ora su di una prossima collina, finché arrivò presso di noi il grosso della spedizione. Tanto al nostro battaglione quanto al 1° Corso, fu ordinato di recarci nell'interno, sotto gli ordini del generale Zenardi, presso un villaggio detto la Contessa, dove ebbimo un fiero scontro con soldati siciliani, che cercavano tenerci a debita distanza con un ben nutrito fuoco.

Dopo circa un 2 ore ci venne l'ordine di marciare in ritirata; di questo fatto imbaldanziti i soldati siciliani presero coraggio e ci serrarono più d'appresso, ed ho visto cadere molti dei nostri. Però la ritirata fu effettuata con tutta la calma possibile, perché diretta dal nostro generale Zenardi.

Il battaglione Corso dovette sostenere un assalto alla baionetta, quasi ad un miglio lungi dalla riva, contro i soldati inglesi, e qui perdette la bandiera del reggimento; poscia il nostro colonnello D'Ambrosio fece fronte con circa 500 uomini, fra Corsi e 4° di linea, e così chi non si trovò inquadrato in quel riparto di truppe fu fortunato potersi imbarcare". Tutto questo semplice e genuino racconto mi fu narrato dal soldato Pedote, aiutandosi un poco con la mimica e tutto nel nostro dialetto paesano, che da un pezzo non ascoltavo più.

Alle 4 pom. siamo partiti alla volta del campo di Piale, e verso le 6 pom. possiamo finalmente riposare nella nostra tenda, registrando i fatti della giornata"[1]

A questa descrizione è opportuno aggiungere quanto raccontato dal colonnello inglese Bunbury:

In the night of the 17th September, two battalions of Corsicans and four of Neapolitans (reckoned at 3500 men), commanded by General Cavaignac, crossed the wider part of the straits, and reached the Sicilian shore about seven miles to the southwards of Messina.

This movement seems to have been intended as a diversion; for when the day broke the enemy's troops were seen to be embarking in their boats at Scilla and round the Punta del Pezzo; and a Cavaignac's object, though very early and rudely interrupted, appeared clearly to have been the gaining of the mountain ridge, from whence he might have come down on the rear of our army while it should be engaged in front by the ma main body of the French. But the diversion failed.

General Campbell, the adjutant general, had galloped to the south on the first rumor of the approach of boats, and assumed the command of the British troops in that quarter. He found the enemy landing from their vessels; the two battalions of Corsicans, indeed, were already on shore; and one of this, have pushed forwards immediately up the ridge in their front, which rise to the mountain chain of Dinnammare.

The beach where the disembarkations was taking place between Mili and San Placido, two posts occupied by our troops. Between the invaders and Messina stood the 21st regiment, commanded by colonel Fredrick Adam, whit to six-pounders; and a part of the 3rd battalion of the German legion, whit two companies of rifle man, were coming fast to his support.

On the other side of the enemy, hastening from San Placido, were the light companies of our foreign regiment, about 400 men, commanded by Colonel Fischer, how had already opened his fire on the boats, while he detached a part of his little corps to flank and harass the enemy battalion on the hill.

The day was breaking, and it displayed to Campbell's view the whole state of the affair. He immediately sent parties to secure the rugged paths through the mountains; keeping the 21st and a part of Germans in hand for a decisive stroke.

The bells changed forth from every little village; and peasants grasping whatever weapons they could find, were clustering on every heights, shouting "Viva Re Giorgio", and exhibiting by their gestures the fiercest hostility to the invaders.

---

[1] MALLARDI s.d., pp. 98 - 100.

> The Corsicans upon the hill halted as if waiting for support; while upon the beach Cavaignac's main body, galled by the sharp fire of Fischer's light infantry upon their left, and threatened by Adam's position on their right; began to fall into confusion.
>
> Their rear most battalion seems to be unwilling to quiet their boats; and Campbell, observing their hesitation. Ordered Adam to pushed forward whit his guns and his column of eight or nine hundred men. Weak was the resistance offered to this attack. Crowds of the enemy soldiers scrambled back to their boats, and the boats put off from the shore in hurried confusion, leaving a mob of more than 200 men to throw down their arms and cry for quarter.
>
> There remained the battalion of Corsicans on their height, they retreat to the sea cut off by the position which colonel Adam had now taken. They were summoned to surrender, and for a moment they demurred: but the 21st drew near prepare to charge whit the bayonet, while light infantry approached on the other side.
>
> There remained little time for hesitations, and the Corsicans laid down their arms and their colors. A French colonel, a chief de l'etat major, one of general Cavaignac's aides de camp, forty other officers and above height hundred men, were made prisoners on the shore: a good many more were captured in four on the enemy's small vessels which were intercepted in their retreat by Captain Robinson of the Royal Marine, who pushed out from Messina whit some of the fast rowboats belonging to the army flotilla. But it happened, unfortunately, that all our ships of war and all our gunboat were at anchor at their station near the Faro.
>
> The loss of the enemy in killed, wounded, or drowned was considerable; while, on the part of the British, only three men were hurt !
>
> While this affair was going on the southward of Messina, the main army of King Joachim, was embarking leisurely under the eyes of our force, in their vast flotilla which stretched from the Punta del Pezzo to Scilla; and on our side every battalion was at its post, and every artilleryman at his gun.
>
> Some hours whore away; the enemy discovered no sign of Cavaignac's having gain the mountains in the rear of the British line, and, according to the authority of Colletta, general Grenier refused to allow the French divisions which were subject to his particular control to risk the attack. Before the evening closed the whole of the enemy's troops had returned to their huts.
>
> Such was the poor conclusion of Murat's boastings, and the great preparation he had made for the conquest of Sicily»[2]

Il tenente colonnello Bryce invece in un rapporto del 22 settembre riporta:

> On the morning of 18th, after three month preparations, Murat made his first attempt at landing about eight miles to the southward, where our numerical force did not allow of our having more than a few of videttes on the beach and small corps of light infantry on the rising ground over it.
>
> But the straits s here being about eight miles broad, the brigs of war appointed to cruise of Reggio, were supposed to afford an adequate degree of protection. The enemy however sized whit much decision of advantage afforded him by the effect of a gale which forced the brigs into the harbor, and before they return crossed in boats during the night, and landed at Partouneaux four in the morning to the number of 3000 and upwards, advancing immediately hi light troops into the mountains; our 400 light infantry, however, moved beforehand in that direction, occupying the higher ground.
>
> And three battalions advancing on his flank from Contesse, he took fright and re-embarked, laving 900 prisoners in our possession. His loss may be computed at 1100 men.
>
> From what we can learn of this ill-executed plan, the enemy seems to have intended throwing a corps into the mountains in our rear as circumstances permitted, knowing probably that we could not detach a sufficient force to dislodge them without un-furnishing our own defensive line, and leaving it exposed on the more direct front attack. He also probably reckoned on the assistance of the natives; but in this he has been disappointed, as the lower classes uniformly assembled with such arms as they had, and either joined our troops or by themselves defended the passes into the mountain.
>
> Indeed this good disposition of the inhabitants so unequivocally evinced on this occasion, seems to me the only consolatory circumstance in the affair, for as the enemy has been able not only to throw a force on shore but re-embark and escape with the whole of his boats during a September night, we must naturally contemplate with much anxiety the greater facility with which he will be enabled to concoct such an operation in the long nights of the approaching winter. And should be able to place a corps of 5000 men in the mountains sufficiently strong to overate the Sicilian and procure previsions, our situation here would be very embarrassing[3]

Ultimate le operazioni di disimpegno dalla costa sicula, le truppe napoletane rientrare in Calabria si prepararono per la smobilitazione. Mallardi racconta i seguenti fatti:

> Questa mattina è stato pubblicato il seguente ordine del giorno sono:

---

[2] BUNBURY 1851, pp. 198-201.
[3] LEWIS 1857, pp. 40- 42.

"La spedizione della Sicilia è differita, lo scopo dell'imperatore che si aveva proposto facendo minacciare quest'isola, è stato conseguito, e l'effetto dell'attività che ha avuto luogo, durante quasi quattro mesi con tanta dignità sullo stretto ha sorpassato ogni speranza. Voi rientrerete nei quartieri d'inverno. E voi bravi marinari anderete a rivedere le vostre famiglie. Voi avete fatto più del vostro dovere: voi avete sostenuto con un coraggio superiore ad ogni elogio più di 50 combattimenti, contro forza tre volte maggiori; ed i successi che avete costantemente ottenuti, attestano quello che voi avreste fatto a forze eguali. Voi avete soprattutto risoluto un gran problema. Voi avete provato che le flottiglie nemiche non possono impedire il passaggio dello stretto a delle semplici barche peschereccie, e che la Sicilia sarà conquistata quando si vorrà seriamente conquistare. Riceverete l'assicurazione della mia soddisfazione. Io la testifico anche all'armata di terra, che via con tutto il vigore secondato. La premura che voi avete dimostrata nell'obbedire alla chiamata che vi è stata fatta è una sincera garanzia pel vostro re, che ne impiegherete altrettanta tutte le volte che sarete chiamati pel bene sul servizio della Patria.

Gioacchino
Il capo dello Stato maggiore dell'armata Conte Grenier"

Con quest'ordine del giorno è stato tolto il campo, dando alla cavalleria la precedenza della marcia, secondo il sistema della grande armata francese, ed alle truppe a piedi il trasporto per via mare.

23 settembre. Questa mattina alle ore 5.30 ant., per avviso della sera innanzi, siamo belli e pronti per seguire il re che parte con tutto lo stato maggiore e dignitari di corte alle 6.10 ant. per la vicina Scilla.

Il re si è accomiatato dal nostro colonnello principe di Campana, che lo ha seguito fino al piccolo porto, dove oltre alla lancia reale, vi sono parecchie altre per il trasporto del suo Stato maggiore e personale di Corte, che prendono la via mare.

Da qui tralascio la descrizione del mio viaggio di tappe e paesi, perché sarebbe un fatto noioso il ripetere quasi la stessa cosa della nostra venuta in Calabria.

Tutta la marcia attraverso le Calabrie è durata circa una trentina di giorni, perché, partiti dal campo di Piale la mattina del giorno 23 settembre, e siamo rientrati sani e salvi la sera del 28 ottobre a Napoli[4]

Fig. 32 Sullo fondo la foce del torrente Santo Stefano, presso cui il 17 settembre 1810 sbarcarono i battaglioni di avanguardia corsi e napoletani (Foto Cavacece)

Considerazioni

Dalla descrizione dei fatti si evince che la volontà del re Murat di effettuare sbarchi in Sicilia non era più condivisa da Napoleone, la cui strategia si basava su azioni diversive, in modo da distrarre e indebolire l'esercito inglese su altri fronti. È a tal proposito opportuno considerare l'ipotesi secondo la quale l'imperatore avesse raggiunto un accordo segreto con la regina borbonica Maria Carolina,

---

[4] MALLARDI s.d., p. 101.

tramite il quale far sbarcare le sue truppe in supporto a quelle sotto il diretto comando di Murat, solo quando i siciliani fossero insorti contro gli inglesi. Il generale di corpo d'armata Grenier che a differenza di Murat era a conoscenza dell'accordo, ebbe dunque potere discrezionale di autorizzare o bloccare lo sbarco delle sue due divisioni, attendendo la rivolta siciliana che avrebbe dovuto creare seri problemi agli inglesi e reso più semplice lo sbarco[5]. Tuttavia non vi fu alcuna rivolta e le divisioni di Grenier di fatto non partirono, lasciando sole le truppe invece sbarcate a sud, le quali non avrebbero potuto completare il piano di assedio della Piazza di Messina.

Fig. 33 L'area interessata dagli sbarchi e i movimenti corsi e napoletani. In particolare si notano il torrente Santo Stefano, luogo del primo sbarco (freccia a destra) e più a monte il villaggio di Santo Stefano Medio, dove gli invasori ebbero uno scontro con la popolazione locale. La freccia a sinistra indica la zona di Mili, in cui le altre truppe del gen. Cavaignac sbarcarono un paio d'ore dopo e ricevuto l'ordine di ritirata, tornarono per il reimbarco (Foto Donato)

Secondo le testimonianze sopra riportate, il piano dell'unico sbarco effettuato prevedeva l'atterraggio simultaneo di due battaglioni corsi e napoletani di avanguardia, non lontano dalla foce del torrente Santo Stefano (figg. 32, 33)[6]. Questi, messe in fuga le vedette e piccoli reparti nemici e confidando nell'appoggio della popolazione, avevano il compito di guadagnare le colline e dirigersi a nord verso Contesse, allo scopo di minacciare su un fianco lo schieramento difensivo nemico colà attestatosi, costretto a distaccare una aliquota delle sue forze per proteggere quel settore. Ciò avrebbe indebolito il fronte della linea stessa, attaccato dal grosso della divisione del generale Cavaignac, nel frattempo sbarcato in zona Mili (fig. 34), circa un chilometro più a nord rispetto al primo sbarco. Con tali azioni la linea anglo siciliana indebolita e attaccata sia sul fianco che sul fronte, avrebbe ceduto, consentendo ai reparti sulle colline di proseguire verso Messina in modo da aggirare alle spalle le posizioni nemiche, e a quelli sulla costa di avanzare nella stessa direzione e prendere posizione per l'assedio. Mentre ciò avveniva, le due divisioni francesi Lamarque e Partouneaux del gen. Grenier, sarebbero dovute sbarcare una a Capo Peloro e l'altra presso il torrente S. Agata, per poi assediare Messina da nord. Tale complessivo piano per l'aggiramento e l'assedio non ebbe seguito a

---

[5] BUNBURY, P.189.
[6] Si presume che il punto di sbarco prefissato fosse presso Scaletta, poco più a sud.

causa del mancato sbarco delle due suddette divisioni, provocando il conseguente ordine di ritirata e dunque il fallimento delle operazioni condotte dai soldati corsi e napoletani della divisione del Cavaignac.

Fig. 34 Mili, la battigia sulla quale atterrarono le truppe del secondo sbarco, costrette poi a reimbarcarsi in questo stesso luogo (Foto Donato)

È evidente che su tre sbarchi programmati, soltanto uno (fig 35) effettuato a più riprese sul fianco sud a svariati chilometri da Messina, praticamente nel bel mezzo dei presidi nemici posti in posizione dominante a San Placido a sud e Mili, Contesse (figg. 36, 37) a nord, per mettere a terra a più riprese un certo numero di forze, sostanzialmente non potesse avere successo. Anche l'effetto sorpresa di tale seppur riuscito sbarco, seguendo una rotta in cui lo Stretto ha un'ampiezza di circa 14 chilometri, svanì presto e dopo un timido, breve successo le prime truppe atterrate furono frazionate[7] e inviate in avanscoperta in attesa dei rinforzi, che, sbarcati troppo tardi e distanti, finirono quasi in bocca al nemico già allertato. L'interruzione delle operazioni, la perdita di tempo prezioso, il frazionamento delle forze e varie indecisioni, consentirono ai difensori al comando del magg. gen. Campbell, ormai allarmati e agevolati dalla popolazione che impediva l'accesso ai valichi[8], di capovolgere la situazione e sfruttando gli errori commessi, di intervenire decisamente contrapponendosi all'aggressore e respingerlo. Gli anglo-siciliani infatti, organizzata la difesa passarono al contrattacco. Giunti da nord irruppero tra le file nemiche e controllandone le direttrici di attacco (ovve-

---

[7] Il generale von Clausewitz, nel trattato *Della guerra*, afferma che il frazionamento delle forze fosse deleterio, rappresentando un indebolimento sfruttabile dal nemico. Lo stesso Napoleone era un fermo sostenitore degli attacchi secondo il sistema di irruzione a masse.

[8] Il barone von der Goltz, nel trattato *Condotta della guerra*, contempla l'appoggio della popolazione come un significativo vantaggio per le azioni difensive degli eserciti.

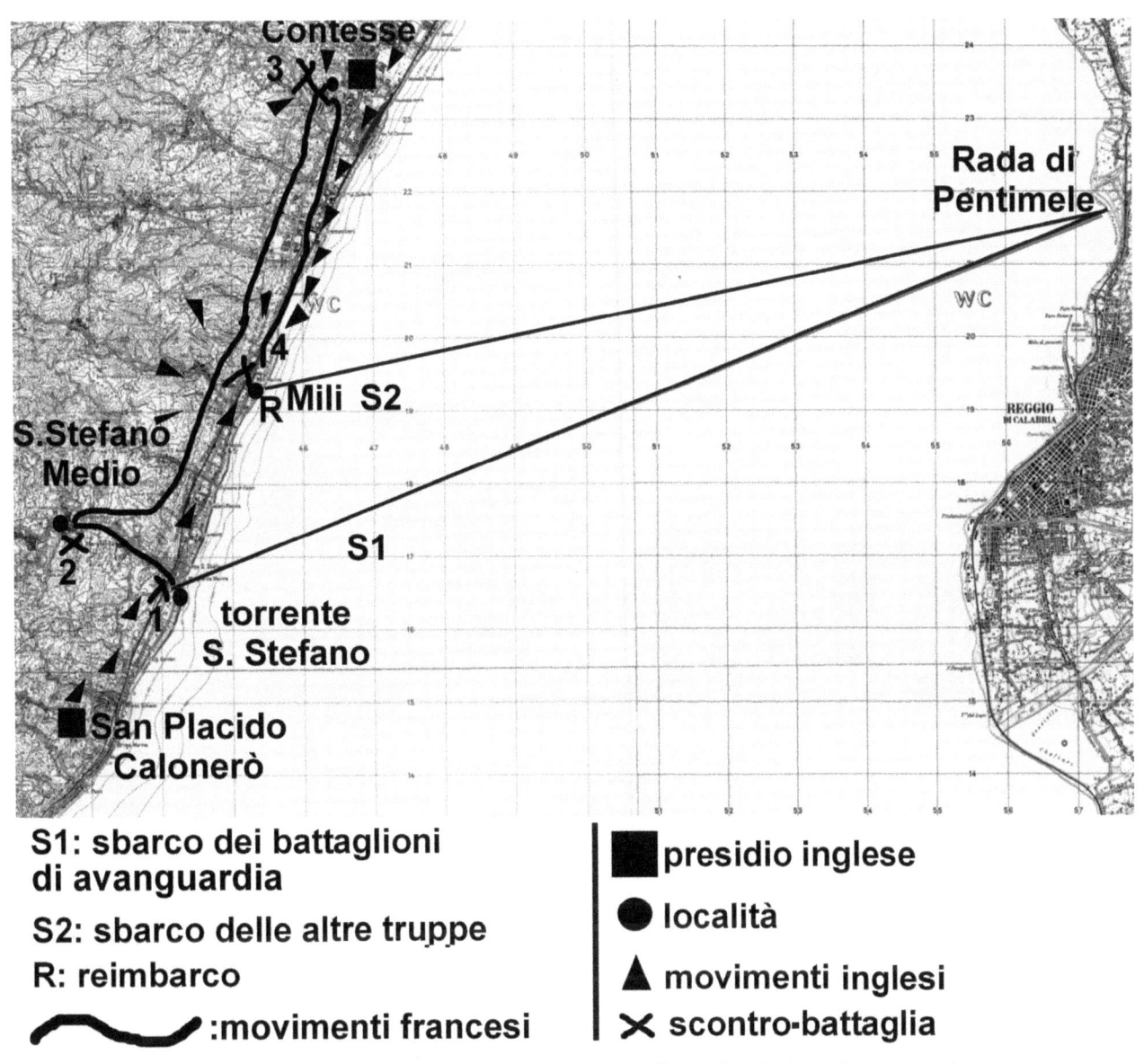

Fig. 35 Mappa dei fatti relativi allo sbarco a sud di Messina (elaborazione Donato)

ro la linea costiera, le fiumare e i valichi montani), impedirono l'aggiramento e dapprima bloccarono e isolarono una parte delle avanguardie corse e napoletane spintesi a Contesse, quindi procedendo verso sud, ormai in pieno giorno costrinsero la restante parte a ritirarsi verso la spiaggia per sottrarsi alla cattura e coprire il grosso della spedizione, ancora debole in quanto impegnato nelle operazioni di sbarco presso Mili, e ormai circondato anche da sud dalle truppe provenienti da San Placido[9].

---

[9] Gli inglesi che comunque giudicarono i militi del battaglione corso come *devilish armed fellow, fully armed*, non comprendevano il motivo di questo unico sbarco, pensando fosse solo una diversione e ben sapendo che altri sbarchi simultanei avrebbero dovuto essere effettuati sul versante nord della città.

Fig. 36 Colline e costa di Contesse, teatro degli scontri tra le truppe corse e napoletane e quelle anglo siciliane (Foto Donato)

Fig. 37 Il tratto di costa Contesse - Mili, teatro degli sbarchi, della progressione franco napoletana e della successiva ritirata e reimbarco. Sullo sfondo i rilievi di San Placido Calonerò, dai quali discesero i reparti tedeschi che attaccarono il nemico da sud (Foto Donato)

CAPITOLO 4

L'edificazione delle torri

Le Martello Tower: l'origine del nome e del progetto

Gli storici di architettura e di storia militare[1] concordano nel far derivare il nome «Martello» dalla torre delle Mortelle (fig. 38), sulla costa della Corsica, ovvero di una delle numerose torri costiere del Mediterraneo costruite nel XVI secolo. Tale fortificazione fu progettata dal ticinese Giacomo Paleari detto «il Fratino», al servizio della Repubblica di Genova. Egli soggiornò in Corsica nel 1563[2] e in quell'isola, da sempre prima linea nello scontro con i musulmani e area di attrito del coevo conflitto franco-asburgico, avviò il progetto della torre.

Secondo le intenzioni dell'ingegnere ticinese la torre doveva essere cilindrica, con un diametro di «palmi 40»[3]; si trattava quindi di un massiccio manufatto cilindrico su tre livelli, con uno in particolare dotato di cannoniere che sosteneva il piano scoperto munito di caditoie per la difesa vicina aggettante. La costruzione della torre fu avviata nel 1564 sotto la supervisione del commissario di San Fiorenzo, che il 6 aprile di quello stesso anno segnala al magistrato di «farli li soi beccheli non obstante che il C[apitan].° Fratino per sua jnstruzione habbi lassiato che si faci vn altro modo»[4]. Altri documenti testimoniano le varie fasi della costruzione della torre, completata verso la fine del 1565

Oltre due secoli dopo, la torre, strategicamente importante per la difesa del Golfo di S. Fiorenzo, fu protagonista di due episodi bellici durante le guerre tra Francia rivoluzionaria e Inghilterra. Occupata infatti una prima volta dagli inglesi il 20 settembre 1793, con un solo plotone composto da un ufficiale, 4 sottufficiali e 23 uomini con armi leggere, la torre fu preventivamente abbandonata dai francesi[5]. La fortificazione occupata fu ribattezzata *English fort* ed abbandonata poco dopo, in occasione della ritirata delle forze britanniche dall'isola.

Se nel 1793 gli inglesi avevano conquistato la torre in meno di un'ora, pochi mesi dopo invece, nel marzo 1794, la difesa francese non la abbandonò, ma 38 uomini, utilizzando il cannone da 8 libbre e due da 6 libbre in dotazione, opposero resistenza[6] contro due navi inglesi, la *Fortitude* (vascello da 74 cannoni) e la *Juno* (fregata da 32 cannoni). La torre delle Mortelle sostenne il bombardamento nemico senza cedere, arrecando anzi notevoli danni all'avversario[7] e arrendendosi solo dopo due giorni d'assedio da terra, a causa del tiro di una batteria di quattro cannoni. L'attacco da terra fu co-

---

[1] MEAD 1948; SUTCLIFFE 1973; CLEMENTS 1999; CLEMENTS 2011.
[2] VIGANÒ 2004, p. 125.
[3] VIGANÒ 2004, p. 140. Per un ulteriore approfondimento sulla torre delle Mortelle anche VIGANÒ 2001.
[4] VIGANÒ 2004, p. 141 il documento si trova all'Archivio di Stato di Genova, Cor. fil. 504 (*Litterarum Venentium ex Corsica et Capraia* 1564) [Dispaccio] « Da S.Fiorenzo adi VI d'aprile 1564» (VIGANÒ 2004, p. 163 nota 143).
[5] National Archive of the United Kingdom, ADM 51 535; BOLTON 2008 p. 15.
[6] Libbre francesi. Una libbra francese è pari a 489 grammi. Il Mead nota una discrepanza sulle notizie che riferiscono dell'armamento della torre e riporta anche una lettera del 7 gennaio 1794 del capitano Edward Cooke, il quale afferma che «General Paoli informed me mounted two 12 Pounders» (MEAD 1948, p.210).
[7] Nell'attacco navale gli inglesi ebbero 6 morti e 54 feriti come riferisce Bryce (BRYCE 1984 citato in BOLTON 2008 pp.16-17).

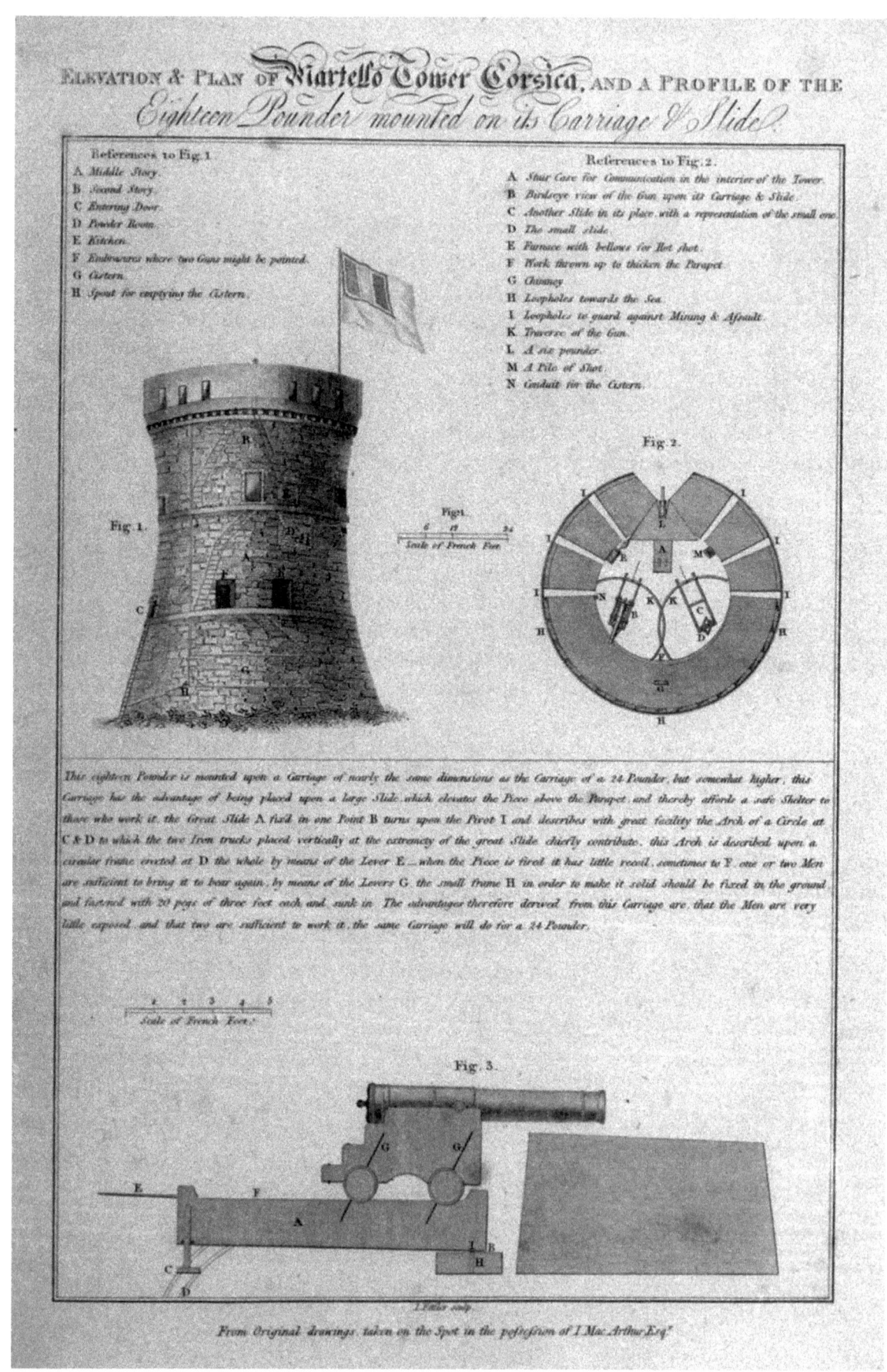

Fig. 38 *Elevation & Plan of Martello Tower Corsica, and a Profile of the Eighteen Pounder mounted on its Carriage & Slide*, stampa pubblicata nel primo decennio del XIX secolo, che descrive la torre delle Mortelle nella Baia di San Fiorenzo in Corsica così come era al momento in cui i francesi la difesero nel 1794 (Collezione privata)

mandato dal tenente generale David Doundas e dal tenente colonnello Jhon More. La resa è da attribuirsi non tanto all'attacco dell'artiglieria britannica ma ad un incendio scoppiato dentro la torre. L'episodio ebbe una certa risonanza come dimostrano diversi articoli della stampa britannica[8] che riferiscono anche l'eco che la notizia provocò in Francia. La capacità difensiva della torre fu apprezzata dagli ufficiali inglesi; infatti due o tre piccoli cannoni avevano tenuto testa a unpoderoso attacco navale, mentre via terra l'assalitore si era trovato davanti un unico ingresso accessibile solo mediante una scala; ciò esponeva i soldati alle azioni difensive provenienti dal parapetto.

La torre di Capo Mortelle fu oggetto di studio durante i due anni di occupazione inglese e nel 1796 fu demolita per due terzi della circonferenza, dato giudicato sufficiente per renderne impossibile la ricostruzione[9]. Ancora oggi i ruderi della torre sono costituiti da circa un terzo della circonferenza originaria. Un'altra ipotesi invece vorrebbe far derivare il nome da quelle che in Italia vennero dette «torri di martello», cioè opere costiere di avvistamento che davano l'allarme suonando una campana proprio con un martello[10]. Suonare le campane "a martello" significava appunto dare l'allarme. Secondo un'altra ipotesi le torri ebbero questo nome perché a distanza il loro profilo sembrava quello di un martello[11]. Tuttavia, circa il nome, queste non sono le uniche ipotesi. Un ufficiale navale scrisse di un «Myrtello Point» indicando una torre coperta da una gran quantità di piante di mirtillo[12]. Le torri vennero anche chiamate in altri modi dalle fonti dei primissimi anni del XIX secolo: ad esempio «the towers», «sea towers» o «towers as sea-batteries». Nel 1804 le fonti militari le chiamarono «bomb-proof towers» e nel Parlamento inglese invece «Corsican towers», mentre il nome «Martello Towers» è attestato per la prima volta nel 1803[13]. Appare evidente quindi l'originaria confusione sulla denominazione di queste torri costiere di artiglieria, che tuttavia va risolta riportando l'origine del nome all'episodio della torre di Capo Mortelle in Corsica.

È bene a questo punto rilevare come la torre di Capo Mortelle nel suo disegno differisca da quel progetto di torre martello che sarà poi riprodotto in tutto il mondo. La tipica martello tower, in tutte le sue varianti, appare bassa, tozza, armata con un cannone in barbetta (tre o più artiglierie in quelle di dimensioni più grandi) e dotata di un ingresso al primo piano difeso da una caditoia (figg. 39, 40). La torre di Capo Mortelle, sebbene avesse nel suo corpo centrale un diametro maggiore dell'altezza[14], con la scarpa e il parapetto, quest'ultimo comunque aggiunto in epoca relativamente recente, appariva invece più slanciata, a tre piani, e non mostrava un aspetto particolarmente innovativo o caratteristiche costruttive diverse da quelle di altre torri coeve visibili sulle coste di tutto il Mediterraneo.

Ad influenzare maggiormente la progettazione delle future martello towers fu invece il particolare ruolo tattico di torre costiera di artiglieria, posta in posizione strategica e progettata per resistere al tiro nemico. Dal modello della torre di Capo Mortelle fu possibile progettare e sviluppare una nuova concezione di opera per la difesa costiera. Dunque gli ufficiali ingegneri britannici cominciarono a creare autonomamente alcuni progetti, anche copiando o adattando modelli preesistenti sulle coste delle principali rotte commerciali. Fu così che tale tipologia di torri si diffuse ovunque si estendessero le attività commerciali inglesi. Sorsero quindi varie torri martello nelle principali aree strategiche da sorvegliare e difendere: le coste dell'Inghilterra, dell'Irlanda, del Galles, vicino ai porti sulle rotte verso l'India, le colonie del Canada, dei Caraibi, del Nuovo Mondo. Le funzioni delle martello

---

[8] BOLTON 2008 pp. 15-16.
[9] BOLTON 2008, p.17.
[10] SUTCLIFFE 1973, p.21.
[11] CLEMENTS 2011, p.17.
[12] CLEMENTS 2011, p.17.
[13] CLEMENTS 2011, p.22.
[14] La torre in fase di costruzione si presentava «grossa e gagliarda e resta d'alto senza quel che mangia la scarpa palmi 64, di Diametro 60 d'altezza». Archivio di Stato di Genova, Cor, fil. 504 (*Litterarum Venentium ex Corsica et Capraia* 1564) [Dispaccio] «Dalla bastia alli XXIIII di Marzo del MDLXIIIJ», VIGANÒ 2004, p.141.

towers erano molteplici: *in primis* quella di ritardare o impedire uno sbarco nemico, in concorso di fuoco con le batterie costiere, oppure di interdire un approdo sicuro, o ancora di svolgere compiti di guardia presso porti o varchi fluviali, e in ultimo anche di avvistamento e protezione ai naviganti.

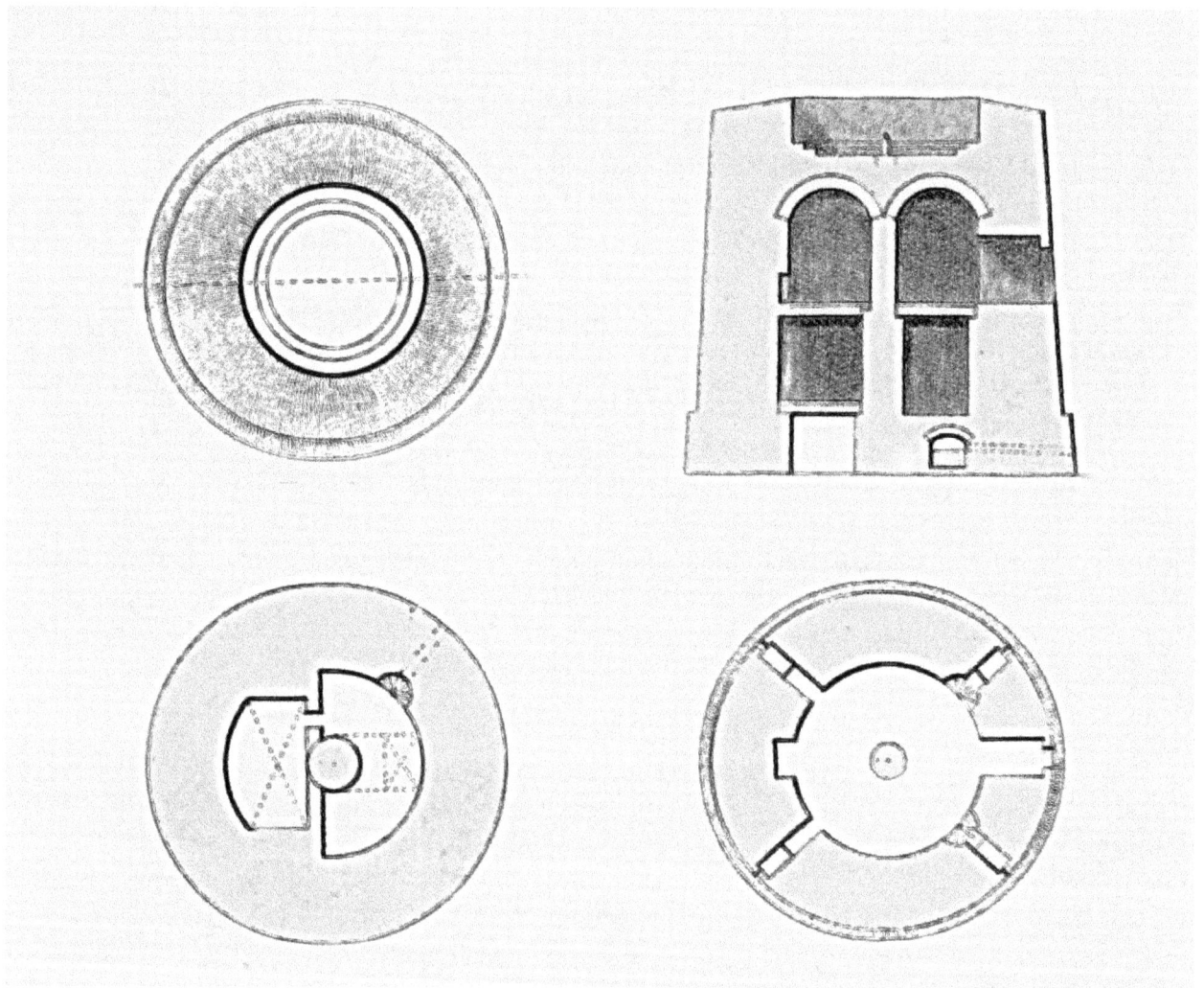

Fig. 39 Pianta dei tre livelli e sezione della tipologia di *martello tower*, armata con un pezzo d'artiglieria (disegno Teramo)

Il progetto a cura del corpo dei Royal Engineers (R.E.)[15] si sviluppò e migliorò gradualmente, con alcune varianti ascrivibili specialmente alla fine del XVIII secolo, ma anche al periodo compreso tra il 1840 e il 1860[16]. Il progetto di martello tower fu quindi standardizzato, riproposto e adattato alle esigenze particolari, in ogni angolo dell'impero britannico, tanto che oggi è possibile rilevarne diverse varianti. La fama di tale tipologia di fortificazione costiera, data dall'ampia diffusione e dall'efficacia, si diffuse rapidamente tanto che già nel 1811 lo statunitense Epaphras Hoyt, all'epoca «Brigade Major and an inspector of the Massachusetts Militia», nel dizionario di termini militari incluso nel suo «Practical Instructions for military officers» alla voce «Martello» affermava: «They are capable of a formidable defence and are considerably used»[17].

---

[15] Una martello tower fu disegnata nell'emblema della Royal Engineers Library. Evidentemente l'invenzione e la realizzazione delle torri costituiva un vanto per tutto il Corpo tale da poter essere usata da simbolo (fig. 41).
[16] Queste ultime in particolare, edificate nel Regno Unito, sebbene vengano annoverate tra le torri martello non ne seguono il progetto originario, CLEMENTS 2011, p. 43.
[17] HOYT 1811 pp. 440-441. Da notare come nella stessa voce sia ancora presente la confusione sul nome della torre indicata sia come «Martello» che «Mortello».

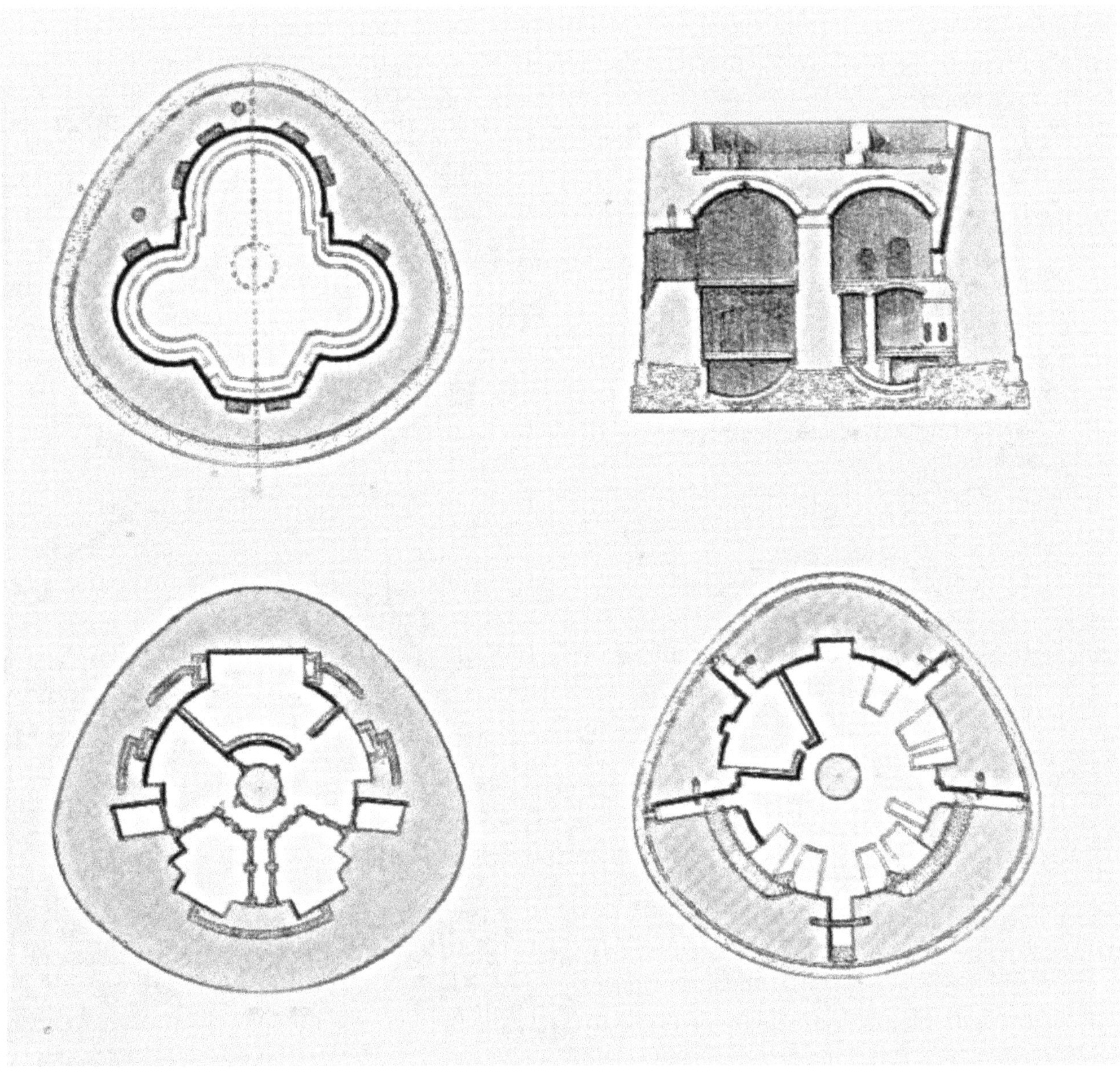

Fig. 40 Pianta dei tre livelli e sezione della tipologia di *martello tower*, armata con tre pezzi d'artiglieria (disegno Teramo)

Fig. 41 *Ex libris* dalla biblioteca del Corpo dei Royal Engineers. Il motto del Corpo "*Ubique*" è sormontato da una martello tower (da *Papers* 1853)

La scelta del modello di torre dipendeva dalle caratteristiche morfologiche della costa, ed anche dall'efficacia di una particolare tipologia di opera[18], che stimolava quindi a privilegiare la costruzione di torri simili. Quando le torri martello cominciarono a perdere la loro funzione strategica, talvolta furono usate per testare le nuove artiglierie rigate e per verificare gli effetti che queste ultime avevano sulle murature[19].

Caratteristiche formali e costruttive

Quello che di norma viene considerato il progetto autentico di *martello tower* è rappresentato dalle torri costruite nella costa sud-orientale dell'Inghilterra[20], ed a questa tipologia ci si limiterà nella descrizione.

Come già affermato, la caratteristica essenziale di questo tipo di torri era la forma circolare, che nella maggior parte dei casi si rivela in realtà ellittica, con la porzione fronte mare più spessa allo scopo di resistere agli eventuali tiri navali nemici. La base risulta essere più larga rispetto al diametro del vertice così da assumere una forma tronco conica. Il diametro della base nella maggior parte dei casi varia dai 12,3 ai 15,3 metri, mentre quello della porzione più alta dai 10,75 ai 12,3 metri e l'altezza complessiva dai 9,2 ai 10,75 metri[21]. Di norma le torri che potevano essere circondate da un fossato asciutto o protette da un terrapieno, erano costituite da tre livelli:
- il primo ad uso deposito o cisterna d'acqua,
- il secondo adibito agli alloggi per i soldati e gli ufficiali,
- il piano scoperto, dotato di uno spesso parapetto ed utile ad armare artiglierie in barbetta.

L'accesso era assicurato al secondo livello, da un ponte levatoio retrattile oppure da scale di legno[22], mentre all'interno, è caratteristico il pilastro centrale, tuttavia non sempre presente, che contribuiva a sostenere il peso non indifferente del sovrastante sistema d'arma.

L'armamento consisteva in un singolo cannone da 18, 24 (fig. 42) o 32 libbre inglesi (in alcuni casi più cannoni o carronate) sistemato su una speciale piattaforma circolare detta «traversing», che consentiva quindi un agevole brandeggio quasi a giro d'orizzonte (fig. 43). Il pezzo era incavalcato sull'affusto che ne regolava l'alzo e, scorrendo sui fianchi del sott'affusto assorbiva il rinculo dovuto allo sparo. La coda del sott'affusto, assicurata al perno centrale della piazzola, poggiava su una coppia di rotelle posteriori, mentre quelle anteriori scorrevano su una liscia posta su un apposito rialzo ricavato dietro il parapetto. Tale sistema facilitava il soddisfacimento della condizione principale, ovvero quella di scoprire e seguire il bersaglio su tutta l'estensione del settore orizzontale di tiro. La relazione del colonnello Lewis (R.E.) dell'anno 1845 riferisce che il costo di realizzazione di una martello tower era circa di 1200 sterline, per la variante a tre cannoni era circa di 3000 sterline[23].

Quelle inglesi non furono le uniche torri costiere di artiglieria standardizzate, anche Napoleone ben presto fece progettare delle fortificazioni a difesa della costa, ritenendo troppo vulnerabili le semplici batterie. Questo tipo di fortificazione, chiamata «tour modéle» (fig. 44) si configurava come un piccolo forte quadrangolare che comprendeva in un solo edificio le batterie di artiglieria, gli alloggi, le riserve di acqua e di cibo e le riserve di munizioni. Tale tipologia di fortino, progettato in diverse

---

[18] LEWIS 1845 pp. 1-5.
[19] L'estratto di una relazione dettagliata di esperimenti di artiglierie su una martello tower, eseguiti il 25 gennaio 1861, è riportato in HOLLEY 1865, pp.222-226. Una relazione dettagliata di un altro esperimento è anche riportata in *Minute of Proceedings* 1861, pp. 397- 415.
[20] CLEMENTS 2011, p. 31.
[21] CLEMENTS 2011, p. 31.
[22] CLEMENTS 2011, pp. 37- 40; RUSSO 1994, pp. 502-503.
[23] LEWIS 1845, p.4.

varianti con dimensioni diverse[24], doveva essere integrata in un costruendo sistema di difesa costiera che non fu ultimato a causa del rapido svolgersi degli eventi che portarono alla fine dell'era Napoleonica[25]. Sebbene la tour modéle avesse il vantaggio di non essere facilmente espugnabile da attacchi di fanteria tuttavia, rispetto alla martello tower, esponeva di più le artiglierie e gli artiglieri al fuoco nemico e alle schegge[26].

Fig. 42 Rendering del cannone inglese da 24 libbre modello Bloomfield (restituzione digitale Ombrato)

---

[24] LENDY 1862, p. 377.
[25] LEPAGE 2009, pp.163-166.
[26] LENDY 1862, pp. 377-378.

Fig. 43 Esempio di traversing platform (da CLEMENTS 2010)

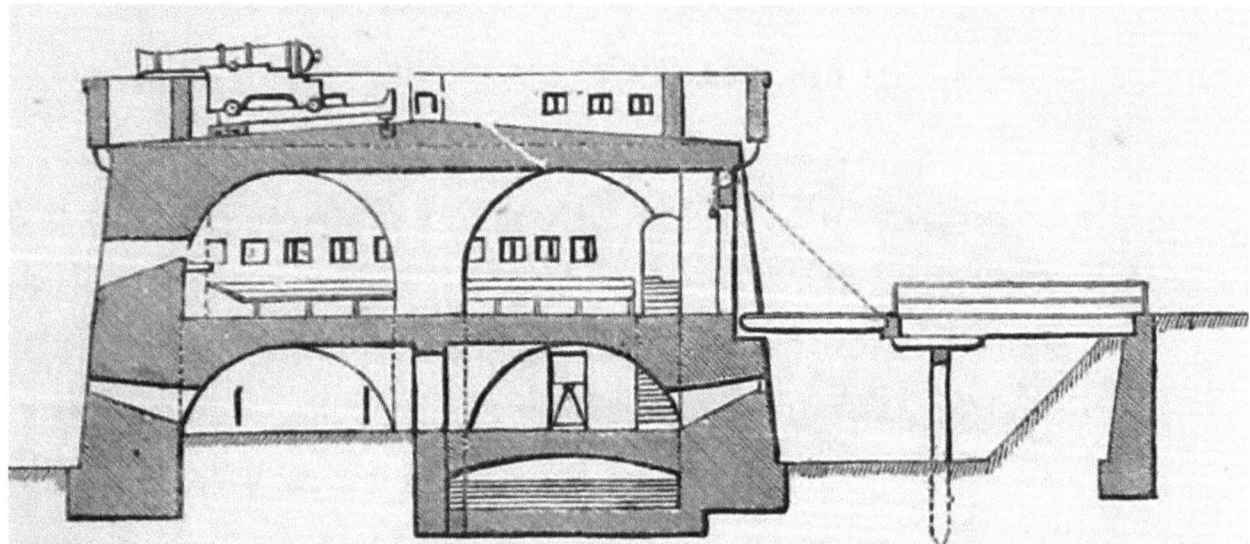

Fig. 44 Sezione di una tipologia di tour modéle francese (LENDY 1862)

Le torri di Messina

La Sicilia fu dunque oggetto di interesse circa l'edificazione delle torri martello. È infatti ancora ben visibile la torre di Magnisi (SR) nella costa sud-orientale, mentre presso Milazzo insistono i due antichi manufatti a pianta quadrata modificati per tale uso, ovvero la torre del Corvo e il fortino Bonaccorsi, ribattezzati «Colet's tower» e «Paget's tower».

Le torri martello di Messina in qualità di opere costiere permanenti, furono edificate nell'ambito del piano di fortificazione e potenziamento delle difese della piazzaforte. Un volta esaminato il contesto storico e visti i fatti avvenuti nel 1810, è bene procedere alla trattazione delle torri sulla base della documentazione raccolta ed esaminata. L'ubicazione delle opere fu ragionevolmente scelta e concentrata nella cuspide nord orientale della Sicilia (figg. 45, 46), ovvero la porzione settentrionale della città di Messina, culminante con la propaggine di Capo Peloro e l'ingresso settentrionale dello Stretto, che in questa parte riduce notevolmente la distanza dalla costa calabra sino a circa tre chilometri. Attualmente le torri ancora visibili e integre sono tre, ma vari documenti e testi indicano che in origine fossero in totale cinque, distribuite lungo la costa settentrionale tra Sant'Agata a oriente e Mortelle ad occidente.

Una volta venuto meno l'attacco francese, i lavori di fortificazione inglesi non si arrestarono, a causa di un temuto nuovo tentativo di invasione considerato realistico dallo stesso comandante generale Stuart. Il tenente colonnello. Bryce nell'ottobre del 1810 affermava che smobilitato il campo di Murat, i lavori di fortificazione della costa messinese proseguivano in modo intenso, in previsione di un ritorno in primavera del re di Napoli, che aveva lasciato depositi di artiglieria pesante e vari magazzini a Scilla e presso il golfo di Sant'Eufemia[27]. Solo con l'armistizio del 1814 cessarono le ostilità mentre nel 1812 era avvenuto lo scambio dei rispettivi prigionieri a Reggio e Messina[28]. Nel 1815 il Bryce passò le consegne al capitano siciliano Ferrara[29]. Nel maggio dello stesso anno le truppe inglesi partirono per Napoli, tranne il presidio di Messina, ritirato il 15 ottobre. L'11 maggio 1815, in vista del ritorno a Napoli, il re nominò il principe Francesco luogotenente generale in Sicilia. Il comando delle truppe passò al tenente generale McFarlane, ma col solo incarico di ricondurle a Napoli insieme al contingente inglese. Il 24 maggio, effettuato lo sbarco, la British Army of the Mediterranean fu sciolta.

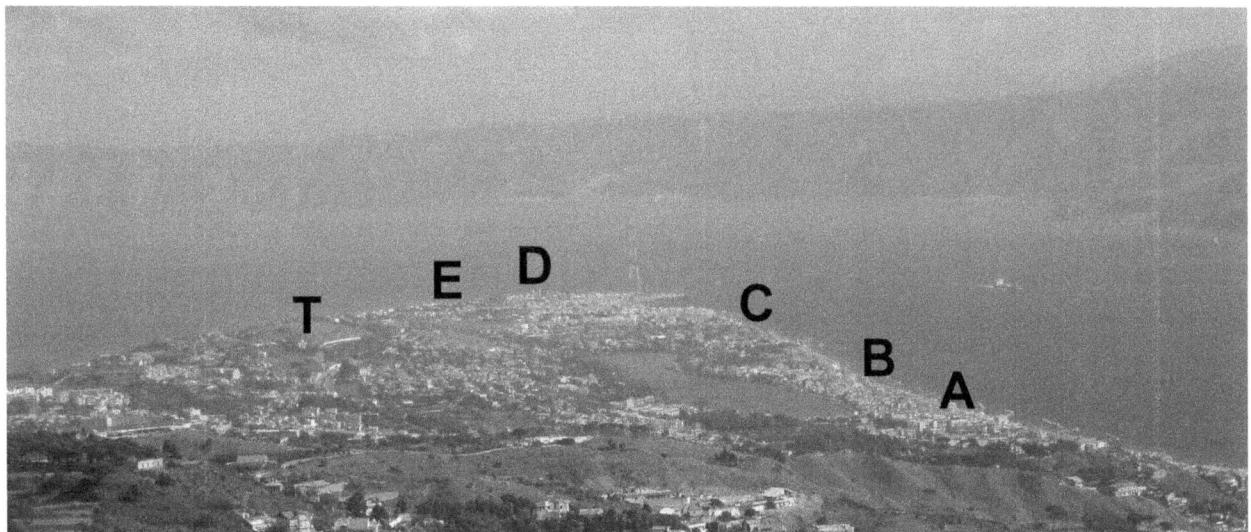

Fig. 45 L'ubicazione delle Martello Towers di Messina. La lettera T indica la ridotta del telegrafo di Spuria (Foto Donato)

Il Clements indica che la linea del Faro fu completata nel 1812 e genericamente che le cinque torri erano ubicate rispettivamente: due tra S. Agata e Ganzirri; una a Torre Faro e due presso Capo Peloro. La mappa delle fortificazioni del Distretto di Messina datata 1812, contenuta nel testo di Flavio Russo[30] raffigura la situazione delle difese nel suo insieme. Per la precisione le torri erano ubicate rispettivamente:
- una a S. Agata (A) non più esistente;
- una a Ganzirri (B) esistente;

---

[27] LEWIS, 1857 p. 39.
[28] BIANCO 1902, p. 68.
[29] CLEMENTS 2011, pp. 127,128, 129.
[30] RUSSO 1994, Vol. II, p. 493.

- una a Torre Faro (C) non più esistente;
- una a Capo Peloro (D) esistente;
- una a Mortelle (E) esistente.

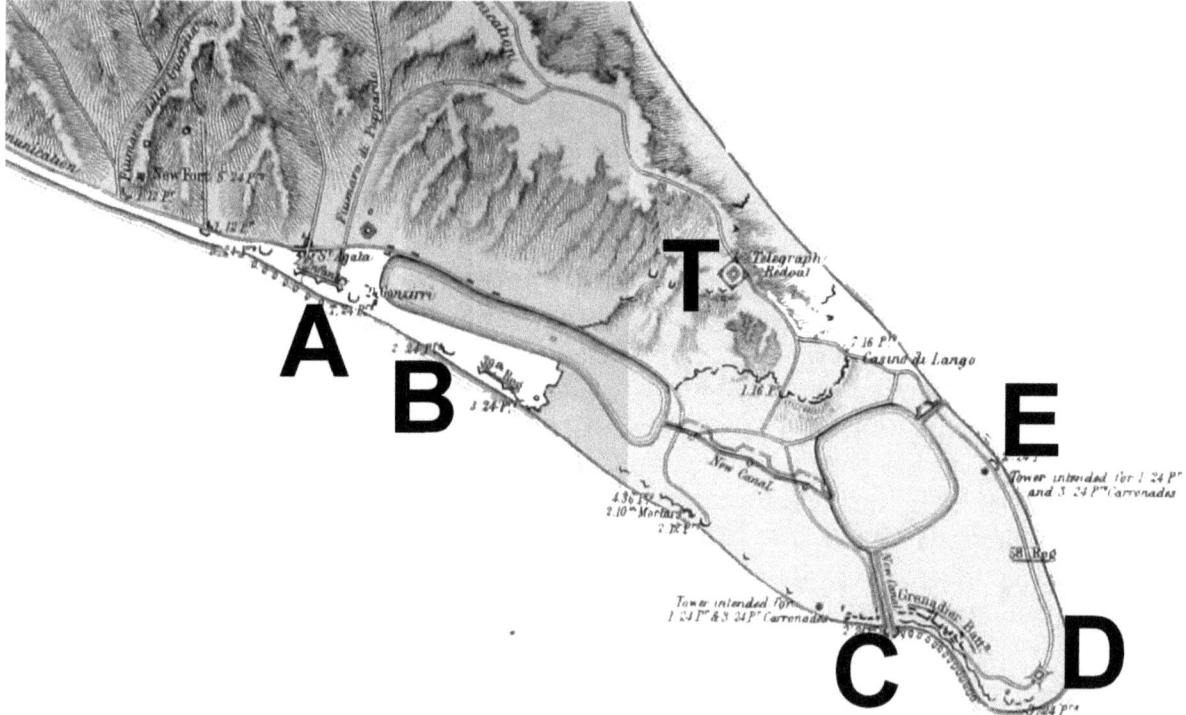

Fig. 46 L'ubicazione delle martello Towers di Messina (da *Papers* 1853)

Le torri furono edificate o modificate in anni diversi. Quelle di S. Agata e Ganzirri nel 1811, di Torre Faro e di Mortelle nel 1810, mentre per la torre di Capo Peloro è possibile affermare una riconversione in torre martello già nel 1808. Esaminando la mappa di Bryce del luglio 1810, si evince che nei mesi precedenti lo sbarco delle truppe del Murat, oltre la torre di S. Agata (A), fossero presenti soltanto le torri di Torre Faro (C) e di Mortelle (E), mentre la torre di Ganzirri (B) e quella di Capo Peloro (D) non sono riportate.

È bene prima rammentare che l'armamento delle torri in questione si rifaceva ai criteri standard delle martello tower ovvero una piattaforma circolare dotata di perno centrale, al quale era assicurata la coda del sott'affusto poggiante su una coppia di rotelle posteriori, mentre una coppia di rotelle anteriori scorreva su una liscia, posta su un apposito rialzo ricavato dietro il parapetto. Sul sottaffusto era montato l'affusto che sosteneva il pezzo di artiglieria regolandone l'alzo e, scorrendo sui fianchi del sottaffusto, assorbiva l'energia del rinculo prodotta dallo sparo.

§ *Torre di Sant'Agata* (A)

Si tratta verosimilmente della torre denominata nel 1823 dagli ingeneri austriaci, di Ganzirri Piccola, poiché sorgeva più a sud della torre di Ganzirri Grande (B), tra i villaggi di S. Agata e Ganzirri. Il Clements afferma che la torre era una vecchio manufatto già esistente su una piccola collina, riadatta a torre martello nel 1811. La pianta austriaca (fig. 47) infatti riporta un'opera atipica, di minori dimensioni, con gli ambienti interni differenti e privi del classico pilastro circolare centrale. Il piano sommitale presenta invece la tipica piazzola per cannone in piattaforma circolare. La torre era protetta da una cinta circolare ad altezza variabile e coadiuvata dall'antistante batteria in barbetta armata con tre pezzi.

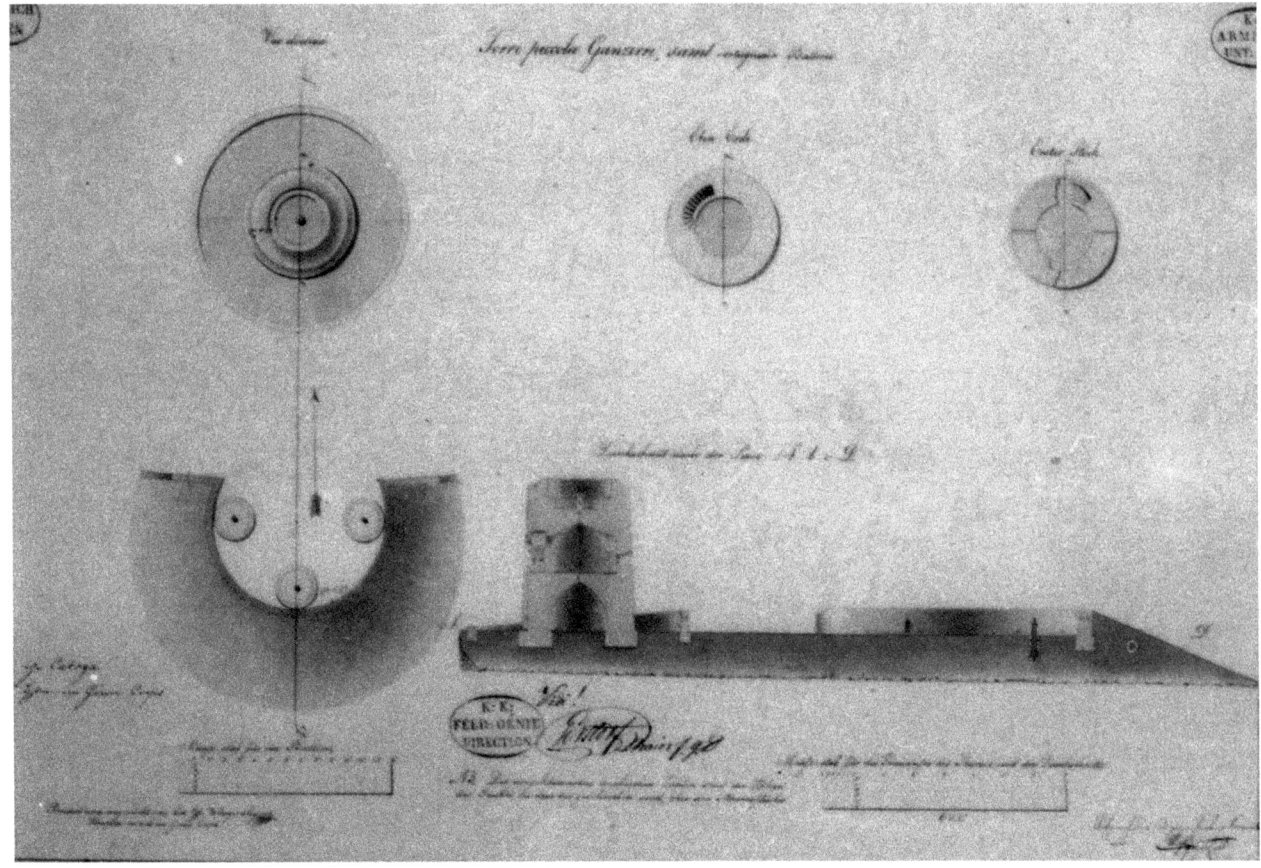

Fig. 47 Disegno austriaco della torre di Ganzirri Piccola (da **Russo** 2004, Vol. II)

Il Lamberti nel suo Portolano del 1848, segnala una torre e un fortino su una collina presso Ganzirri[31]. Nel 1866 il Piano Generale della Difesa dello Stato la classificava come opera di 2^ categoria (a), ovvero tra le «opere intorno alle quali rimaneva sospeso un giudizio definitivo"[32]. Tuttavia il Regio Decreto del 30 dicembre 1866 la inseriva nell'elenco «delle opere che cessano dall'essere considerate come opere di fortificazione»[33].

§ *Torre di Ganzirri Grande* (B)

Procedendo da sud verso nord è la prima delle opere esistenti, ubicata a quota 5 metri s. l.m. presso il villaggio di Ganzirri, sulla costa ionica ad est dell'omonimo pantano. È talvolta detta erroneamente torre Cariddi, in quanto confusa con una torre descritta nella *Iconologia* di Placido Samperi del 1644, che la colloca sotto il casale del Faro, oggi detto Faro Superiore, non distante dal corso del torrente che passava da quel casale e nei pressi della chiesa di S. Caterina, non più esistente. Il Samperi indica inoltre che la torre si trovava nel podere di proprietà di Mario Cariddi, a quel tempo «giudice» e «luogotenente» di Messina[34]. Analoghe considerazioni sono contenute nell'elenco pubblicato ne *La Sicilia in Prospettiva* del 1709, in cui la torre Cariddi è indicata come esistente vicino ad una chiesa di S. Caterina sotto il casale di Faro. Lo stesso testo conferma anche il dettaglio dell'origine del nome, facendolo derivare da un membro della famiglia Cariddi che ne fu proprietario[35]. È possibile quindi indicare l'ubicazione della torre *Cariddi* piuttosto distante dalla costa, non lonta

---

[31] LAMBERTI 1848, p. 222.
[32] FARA 2010, pp. 321,325..
[33] *Collezione celerifera*, 1867, pp. 284, 488.
[34] SAMPERI 1664, p. 573.
[35] *La Sicilia in prospettiva* 1709, p. 313.

Fig. 48 La torre di Ganzirri Grande così come si presenta oggi, vista dalla spiaggia antistante (Foto Teramo)

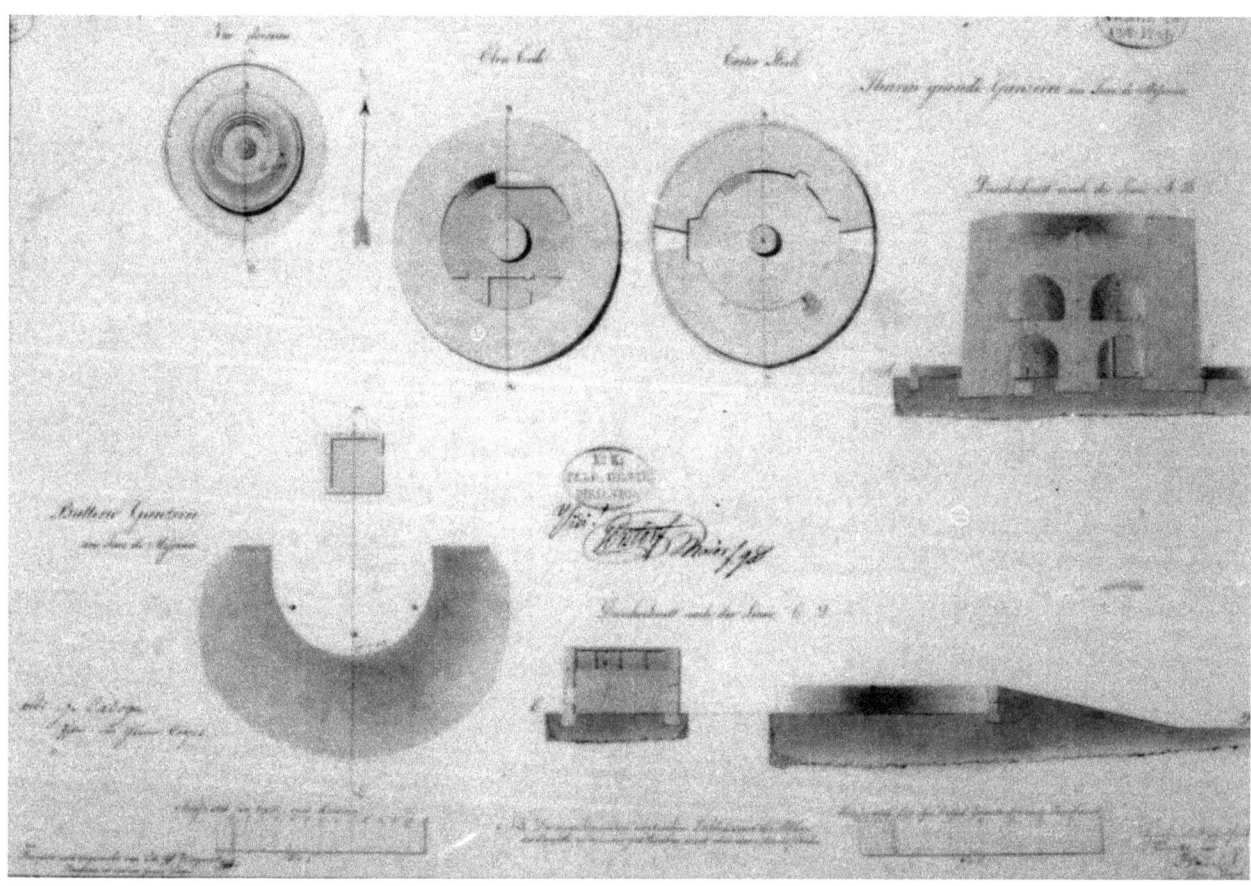

Fig. 49 Disegno austriaco della torre di Ganzirri Grande (da Russo 2004, Vol. II)

Fig. 50 La torre risulta ancora in buono stato, seppur caratterizzata da discutibili modifiche all'ingresso e dall'inopportuna aggiunta della merlatura sulla sommità (Foto Donato)

no dal corso del torrente Papardo presso il piccolo abitato dell'odierno villaggio di Sperone. Esattamente nei pressi dell'attuale chiesetta della Madonna dei Miracoli, ricostruita dopo il terremoto del 1908 nel luogo dove sorgeva un'omonima chiesa ottocentesca, a sua volta costruita per sostituire l'antica chiesa, probabilmente di rito greco, per un certo periodo di tempo dedicata a Santa Caterina d'Alessandria[36].

Nessun dato certo collega quindi l'antica torre Cariddi, con quella qui in esame, la quale, denominata dagli ingeneri austriaci come di Ganzirri Grande, si configura invece come tipica martello tower (fig. 48) avente ubicazione totalmente diversa. Essa dista a sud circa un chilometro dal sito in cui si trovava la torre presso il villaggio di Torre Faro e circa un chilometro e mezzo dalla torre di Capo Peloro. Il Clements dichiara l'edificazione nel 1811, infatti nella mappa del Bryce non è segnalata, essendo in loco segnate solo due batterie da 2 e 3 pezzi da 24 libbre. Il disegno austriaco del 1823 (fig. 49) evidenzia un modello classico di torre martello, troncoconica, dotata di cinta circolare ad altezza variabile, il tipico pilastro centrale e tre livelli con l'intermedio munito di due aperture e l'ul-

---

[36] CHILLEMI 1995, p.176.

Fig. 51 La torre verso la fine del XIX secolo (Collezione privata)

Fig. 52 Particolare dell'apertura rivolta a nord (Foto Teramo)

timo per artiglieria. Evidente la pianta ellittica, con il parapetto fronte mare più spesso. La torre operava in concorso di fuoco con i tre pezzi della limitrofa batteria di Ganzirri. Non risulta un utilizzo attivo negli anni successivi al periodo inglese, mentre il Piano Generale della Difesa dello Stato del 1866, la classificava come opera di 2^ categoria (a), ovvero tra le «opere intorno alle quali rimaneva sospeso un giudizio definitivo». Il Regio Decreto del 30 dicembre 1866 la inseriva nell'elenco «delle opere che cessano dall'essere considerate come opere di fortificazione».

La torre si presenta in buono stato di conservazione (fig. 50), nonostante alcune inopportune recenti modifiche alle finestre e all'ingresso, l'aggiunta dell'evidente merlatura (fig. 51) che vorrebbe rifarsi alla tipologia ghibellina e il ripianamento del livello sommitale, che ha di fatto coperto la piazzola per l'artiglieria (figg. 52, 53). A ciò si aggiunge l'inaccessibilità e l'uso improprio come magazzino per materiale vario.

Fig. 53 Particolare dell'apertura rivolta a sud (Foto Teramo)

§ *Torre di Torre Faro* (C)

La Torre di Faro sorgeva a circa due chilometri a nord della torre di Ganzirri Grande ed uno a sud della torre di Capo Peloro[37]. Era ubicata presso la contrada Palazzo, a poche centinaia di metri dalla

---

[37] Tuttavia è certa l'esistenza a Ganzirri di un'altra torre detta di Silopazzi, ubicata nell'omonima contrada tra questa torre e quella di Ganzirri Grande. Nel 1859 presso questa torre ormai non più esistente, così come afferma il «Bulletins and Other State Intelligence», 1859, p. 1911, è presumibile che vi fosse il punto di immersione del cavo del telegrafo elettrico, che attraversando lo Stretto giungeva a Cannitello. Il punto era segnalato da una luce verde e dalla scritta Real Telegrafo Elettrico.

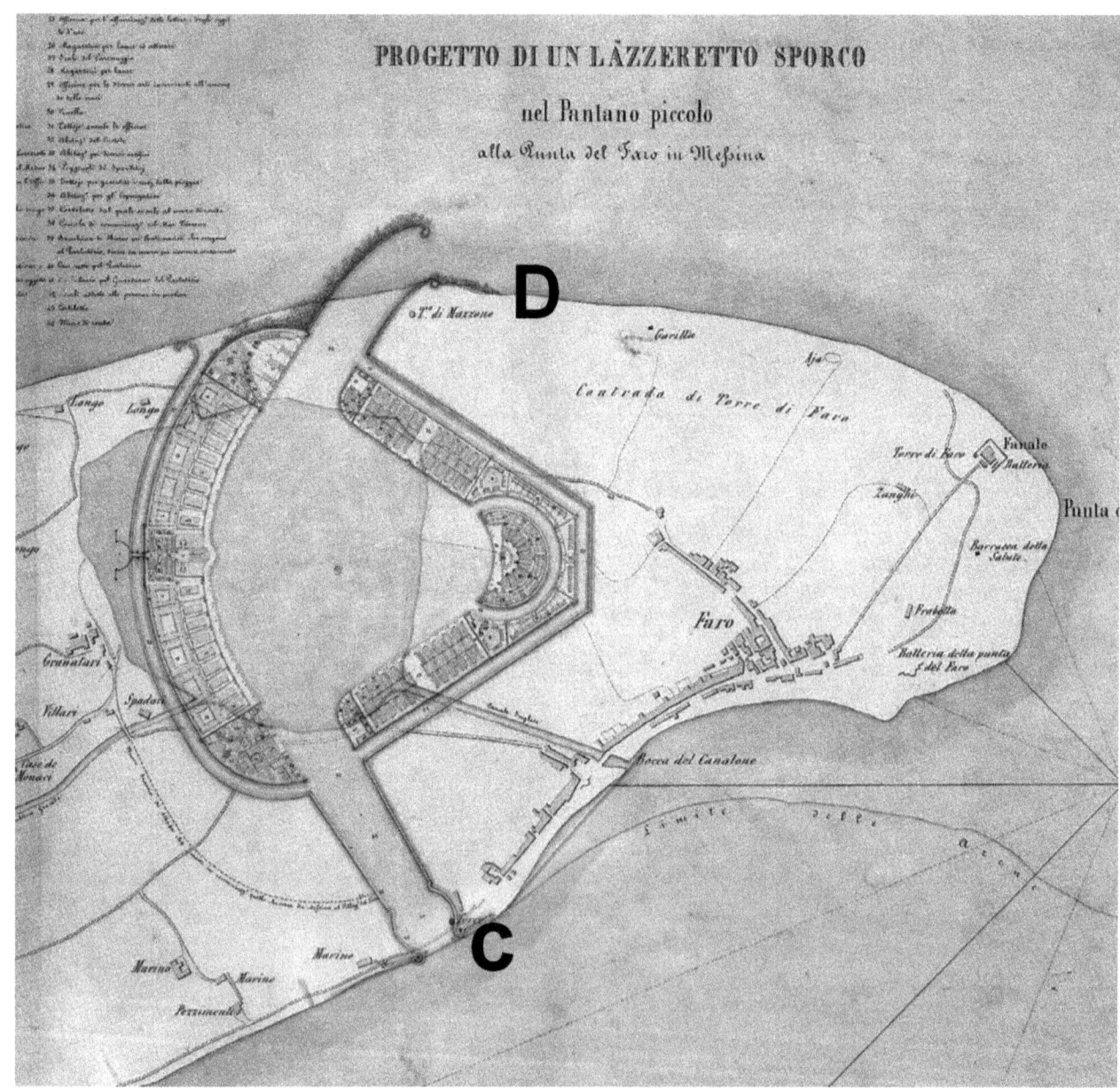

Fig. 54 La torre di Torre Faro è indicata con la lettera C, quella di Mortelle con la lettera D (da POLTO 2006)

chiesa del villaggio di Torre Faro, non lontano dalla bocca del canale che collega il pantano di Faro col mare Ionio, aperto ed utilizzato nel periodo inglese anche come approdo e rifugio protetto. La mappa del Bryce infatti indica con esattezza la collocazione nel 1810, confermata dalla mappa del 1812, contenuta nel volume di Flavio Russo[38], da quella del 1844 conservata nel catalogo *Carte Antiche* dell'Istituto Geografico Militare[39] e dalla mappa contenuta nel volume del Polto, datata 1856[40] (fig. 54). Nel medesimo luogo, la carta delle coste dello Stretto di Messina, con le batterie garibaldine innalzate nell'estate del 1860, ne indica una presso la Torre del Palazzo[41]. L'armamento principale nel 1810 era costituito da un singolo pezzo da 24 libbre, e tre carronate dello stesso calibro, mentre poco più a nord erano armati due pezzi da 24 libbre. Il reparto schierato nelle vicinanze era il battaglione di granatieri. Non risultano altre notizie se non quelle contenute nella tabella «di immobili non destinati a far parte del Demanio pubblico da alienarsi in conformità del disposto

---

[38] RUSSO 1994, Vol. II p.539.
[39] *Carta Topografica del Faro di Messina eseguita nel 1844* foglio 3 (Biblioteca dell'Istituto Geografico Militare, sede San Marco, 11-A-3).
[40] POLTO 2006, p. 140.
[41] NUCIFORA 2002, p.33.

dall'articolo 13 della legge 22 aprile 1869»[42], che include una torre abbandonata sita in contrada Palazzo, alienata e messa in vendita in quanto, «non facente parte del piano di fortificazioni dello Stato, pervenuti dal Demanio pubblico al patrimonio dello Stato».

§ *Torre di Capo Peloro (D)*

Conosciuta anche come «Torre del Faro», sorge a quota 10 metri presso Capo Peloro, uno dei luoghi più strategici e significativi dal punto di vista storico, mitologico, ambientale e paesaggistico del territorio peloritano e siciliano. Tale sito, controllando l'ingresso settentrionale dello Stretto e svolgendo importanti funzioni difensive, di segnalamento e assistenza alla navigazione (pilotaggio), è stato costantemente fortificato presidiato e armato[43] sin da epoche remotissime, nonché teatro di molteplici operazioni militari tra sbarchi, assedi e battaglie.

Fig. 55 Il complesso fortificato della torre di Capo Peloro, come si presenta oggi. La torre è protetta a nord da un fortino e a sud (in fondo) da un altro fortino aggiunto dopo il 1823 (Foto Donato)

Una delle testimonianze più eloquenti dell'importanza del sito è proprio l'attuale torre, la quale occupa una porzione di territorio in cui sono state riportate alla luce testimonianze di antichi insediamenti e frequentazioni. La presenza di torri in tale luogo è sempre stata segnalata sin da epoche piuttosto remote. Tuttavia è certa l'esistenza di una torre nel XVI secolo. Il Fazello infatti nel 1573, descrivendo Capo Peloro afferma: «su quel promontorio a nostri tempi è fabbricata una fortezza fatta per guardia delle bocche e per far lume ai marinai»[44]. I disegni dello Spannocchi e del Camilliani confermano la presenza della torre nel XVI secolo[45].

---

[42] *Supplemento al n. 25 della Gazzetta Ufficiale del Regno d'Italia* 1884, p. 4; PRINCIPE 1989, p. 414.
[43] È a tal proposito interessante il progetto, a cura dell'architetto Villanova, di una batteria costiera da edificarsi proprio davanti alla Torre del Faro nel 1777. La pianta è contenuta nel volume di AGNELLO-FAGIOLO-TRIGILIA 1987.
[44] FAZELLO 1573, p. 57.
[45] ARICÒ 1999 p. 67; BUCETI 2004, p.25. Inoltre numerose incisioni dal XVI al XVIII secolo, raffiguranti la città di Messina con uno sguardo d'insieme fino a Capo Peloro, confermano la presenza della torre (ARICÒ 1999, pp. 135-141).

Fig. 56 Il fortino borbonico che cinge la gola della torre; si nota a sinistra, sul versante nordoccidentale, una batteria per artiglierie in troniera (Foto Donato)

Fig. 57 Versante nordorientale dello stesso fortino, contraddistinto da una batteria a basso parapetto, dotata di piazzole per sottaffusti a lisce da circolare (Foto Donato)

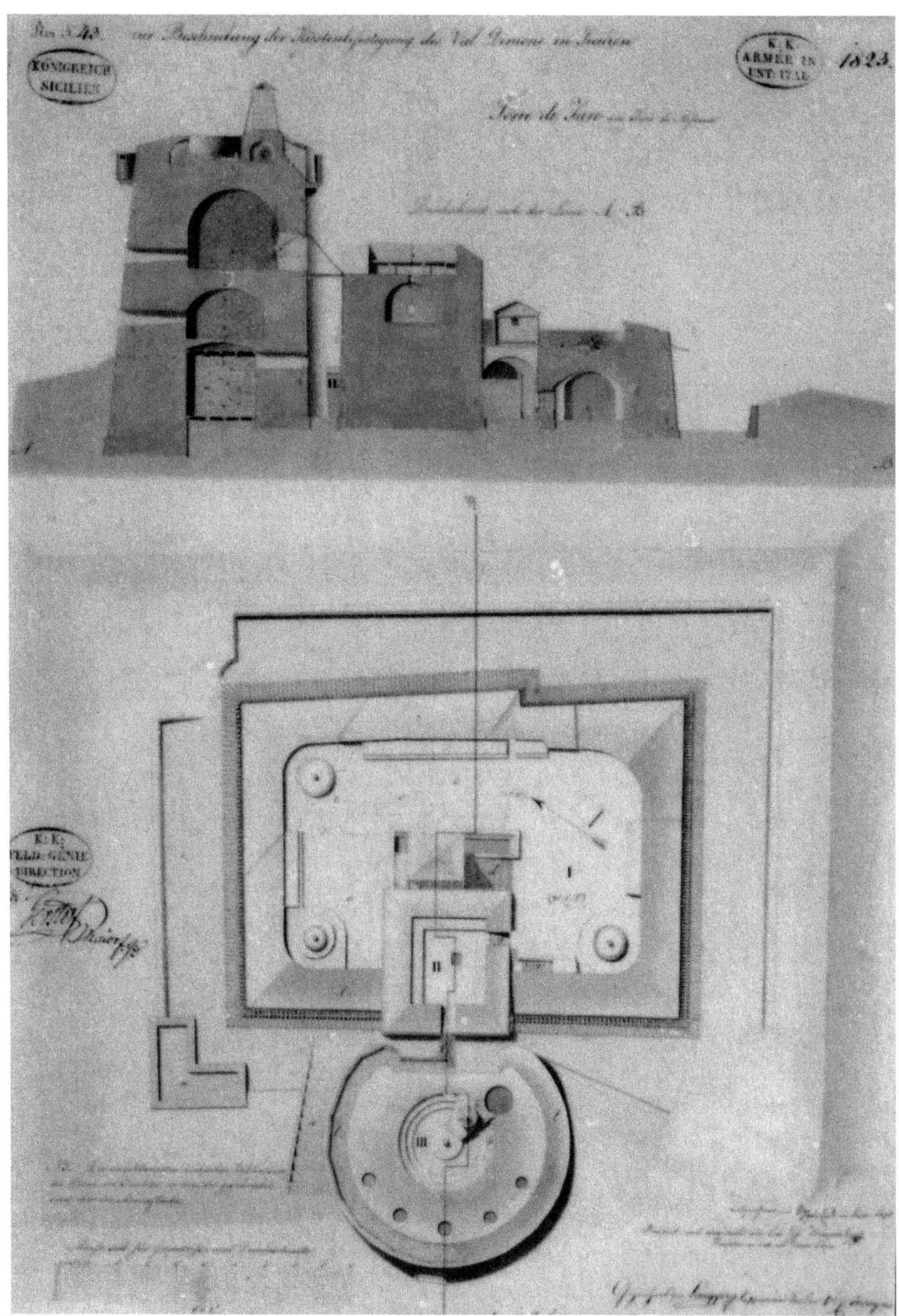

Fig. 58 Disegno austriaco della torre di Capo Peloro (da Russo 200Vol. II)

Fig. 59 La torre è di fatto separata dalla costruzione antistante (Foto Donato)

Fig. 60 La gola della torre con l'innesto del retrostante fortino (Foto Teramo)

Fig. 61 Particolare della struttura antistante la torre (Foto Donato)

L'opera oggi visibile rappresenta uno degli ultimi rimaneggiamenti e adattamenti di strutture preesistenti, facendo parte di un complesso di fortificazioni risalenti a vari periodi e quindi di non facile lettura. È infatti protetta fronte-mare da un fortino eretto verso la fine del XVII secolo[46] e sulla gola da un altro fortino edificato dopo il 1823 (figg. 55, 56, 57). I disegni austriaci del 1823 (fig. 58) indicano una struttura su tre livelli dotata di lanterna e protetta fronte mare da un fortino. Risultano inoltre evidenti ben quattro piattaforme circolari per artiglieria in barbetta, tipiche delle torri martello, di cui una sulla sommità della torre e tre distribuite sul fortino. L'opera presenta caratteristiche simili ma non uguali alle torri martello, in particolare un'altezza superiore (quasi doppia) e una atipica pianta con andamento semicircolare, che partendosi a nord da una parete dritta dotata di due piccoli arrotondamenti laterali a guisa di orecchioni, ne cinge i fianchi e la gola a sud (figg. 59, 60, 61). Ciò potrebbe spiegarsi dal fatto che davanti alla torre quasi aderiscono alcune strutture preesistenti, come il fortino che a sua volta cinge un basso manufatto quadrangolare, forse riferibile ai resti della precedente torre edificata nel XVI secolo e che dà accesso al piano intermedio della torre in questione (fig. 62, 63). L'andamento semicircolare della torre potrebbe dunque suggerire l'aggiunta inglese di una «camicia» protettiva alla preesistente seconda torre, edificata dietro i resti della prima.

Fig. 62 Il fronte della torre con i due orecchioni laterali e la parete centrale, collegata al manufatto antistante tramite un ponticello fisso (Foto Donato)

Le varie modiche nel tempo apportate al manufatto sono ampiamente documentate. In particolare il Vivenzio afferma che una torre rimase gravemente danneggiata, «ovvero per due terzi della sua altezza rovesciata» a seguito del terremoto del febbraio 1783[47]. Spallanzani aggiunge che essa fu costruita nel XVI secolo in sostituzione di un'altra che era rimasta «dentro terra»[48]. Nella stampa del

---

[46] ROMANO COLONNA 1676, pp. 163, 228; *Società Storica Messinese* 1902, p. 126
[47] VIVENZIO 1783, p. 374; CHILLEMI 1995, p. 231.
[48] «Accademia Nazionale dei Lincei» 1913, p.227.

1714 (fig. 64) si nota una torre slanciata di pianta quadrangolare, così come in quella del 1798 (fig. 66). Interessante è invece la stampa del 1804[49] (fig. 65) che raffigura chiaramente la torre ancora di pianta quadrangolare con davanti i resti di più basso manufatto, a sua volta difeso da un fortino. Non è al momento possibile stabilire con precisione la datazione degli interventi inglesi, ma è lecito affermare che possano risalire al periodo compreso tra il 1805 e il 1808. Il dottor Irvine, medico inglese in servizio a Messina, in quell'anno descrive presso il Faro «at the point of which a round tower is erected of some strenght, resembling in size and form a Martello tower»[50]. Nella stampa del 1813 (fig. 67) invece il manufatto si presenta totalmente diverso rispetto a quelli raffigurati nelle precedenti stampe; più basso e tondeggiante, di fatto simile a quello visibile oggi[51]. Ancora nel 1820 Hughes la descrive come «defended like a martello tower, by large traversing gun»[52]. La Farina nel 1840 riporta la torre del faro «come di antichissima costruzione sebbene in tempi recenti restaurata»[53].

Fig. 63 Particolare dello spazio che intercorre tra la torre e il manufatto antistante (Foto Donato)

È inoltre interessante il rinvenimento di alcune iscrizioni inglesi sull'intonaco dell'orecchione occidentale della torre. Spicca su tutte la firma (fig. 68, 69) non completamente «Sergent [...] of the 39 L[.]», che si potrebbe riferire ad un sottufficiale del 39th Dorsetshire Regiment of Foot, ovvero un reggimento di fanteria leggera, il cui primo battaglione prese parte all'assedio di Scilla nel 1809 e nel giugno 1810 fu inviato da Malta a Messina per la difesa contro gli sbarchi dell'esercito di Murat[54]. La mappa di Bryce conferma nel luglio 1810 la presenza del I/39° reggimento in zona Ganzirri e del battaglione granatieri a Punta Faro, luoghi non distanti dalla torre, mentre il primo battaglio-

---

[49] BUCETI 2004, p. 29
[50] D'ANGELO 1988, p. 100.
[51] NOSTRO-SORRENTI 1999, p. 94
[52] HUGHES 1820, p. 136.
[53] LA FARINA 1840, p.149.
[54] «The Naval and Military Magazine», 1, 1827, p. 102, RICHARD-CANNON 1853, pp. 47,49.

ne del 58th Ruthlandshire Regiment (fig. 70) era ubicato nel tratto di costa compreso tra la torre del Faro di Capo Peloro e la torre Mazzone ad ovest.

Fig. 64 Stampa del 1714 che raffigura la torre quadrangolare (National Maritime Museum Greenwich, London)

Fig. 65 Stampa del 1798 che indica ancora una torre alta e quadrangolare, cinta fronte mare da un fortino (National Maritime Museum Greenwich, London)

Fig. 66 Stampa del 1804 in cui si nota la torre quadrangolare, con davanti un più basso manufatto della stessa forma, a sua volta cinto da un fortino (da BUCETI 2004)

Fig. 67 Stampa del 1813 che raffigura la torre somigliante a quella attuale, tozza e dotata dei due arrotondamenti laterali e con davanti il basso manufatto quadrangolare. A destra in fondo si nota la torre di Mortelle (da NOSTRO-SORRENTI 1999)

Il manufatto in qualità di torre martello non è indicato in modo specifico, forse perché svolgeva anche l'importante funzione di faro. Tuttavia il Cockburn nell'elencazione delle batterie schierate nel 1810, conferma una «traversing 24 pounder on Faro Tower». Nel 1815 secondo il Regio Decreto «per il sistema delle piazze di guerra, forti e castelli del regno di Napoli e Sicilia», la torre fu classificata Piazza di 3^ classe[55], nel 1828 e nel 1831 Forte di 3^ classe[56]. Nel 1833 Forte di 4^ classe in base al Regio Decreto «di classificazione delle piazze d'armi e dei forti di ambo i reali domini»[57], nel 1847 Piazza di 4^ classe[58], confermata tale dal governo siciliano durante i moti rivoluzionari del 1848 contro la corona borbonica[59], allorquando i rivoltosi conquistata la città nel mese di gennaio, in tale luogo armarono varie batterie costiere in aggiunta a quelle già esistenti[60]. Nell'estate del 1860 Garibaldì, entrato in città, ordinò di allestire varie batterie costiere, alloggiando per un breve

---

[55] *Collezione delle Leggi* 1815, p. 18.
[56] *Dizionario geografico universale* 1828, p.573; SERRISTORI 1839, p. 15.
[57] VENTIMIGLIA, 1844, p. 694.
[58] D'AYALA 1847, p. 305.
[59] *Collezione di Leggi* 1848, p. 168
[60] CALVI 1851, p. 317.

Fig. 68 Particolare della iscrizione «Sergent» (Foto Teramo)

Fig. 69 Particolare della iscrizione «[…] of the 39 L[.]» (Foto Donato)

Fig. 70 Bottone da ufficiale del 58th Ruthlandshire regiment, ritrovato a Messina. Davanti, al centro si nota il numero 58 contornato dall'iscrizione «Gibraltar», ad indicare la battle of honour, ovvero il grande assedio di Gibilterra 1779-1783, a cui prese parte il reggimento. Sul retro si intravede il nome del fabbricante (Collezione F. M. Grasso)

Fig. 71 Capo Peloro, la torre ancora in uso come faro verso la fine del XIX secolo (Collezione privata)

periodo nella torre stessa. Torre del Faro nel 1863 fu sede di un distaccamento di artiglieria[61] e nel 1866 in base al già citato Regio Decreto cessava di essere opera di fortificazione. Lo stesso anno leopere permanenti di Punta Faro furono inserite nel Piano Generale di Difesa dello Stato, con l'intento di edificarne di nuove, mentre il fortino del Faro fu classificato opera di «prima categoria da conservarsi col necessario armamento e le servitù territoriali»[62]. Nel 1860 la torre svolgeva ancora la funzione di faro a luce fissa[63]; ciò sino alla fine dell'Ottocento, quando fu sostituita da un'apposita e più alta torre edificata poco più a sud (fig. 71).

Particolare attenzione fu conferita all'area di Capo Peloro a partire dagli anni Trenta del Novecento, con l'edificazione di nuove varie batterie di artiglieria contraerea e costiera, nell'ambito del piano difensivo adottato della Piazza della Regia Marina di Messina. Nei pressi della torre e relativi fortini ormai dismessi come opere armate, furono infatti erette una batteria contraerea, una costiera ed una a doppio compito. In tale contesto la torre fu adibita all'uso di una stazione fotoelettrica su binario, installata sul piano scoperto mediante una apposita modifica ancora visibile e facente parte di un articolato sistema di avvistamento e difesa navale. Nel dopoguerra rimase in gestione alla Marina Militare, poi ceduta alla Università di Messina oggi è in gestione alla fondazione Horcynus Horca.

§ *Torre di Mortelle* (E)

L'opera è detta anche «Mazzone» o «Bianca». Risulta che nello stesso luogo o nelle vicinanze sorgesse una torre conosciuta col medesimo nome di torre «Mazzone», segnalata anche come «Scollato» nell'elenco di torri esistenti nel 1709 nell'opera *La Sicilia in Prospettiva,* in cui veniva collocata appunto tra la torre del Faro e Acqualadrone[64]. Durante la peste del 1743 la zona limitrofa divenne

Fig. 72 La torre vista dalla spiaggia antistante (Foto Teramo)

---

[61] «Astrea», 1863, p. 151.
[62] FARA 2010, pp. 324, 325.
[63] GIACHERY 1861, p. 61.
[64] *La Sicilia in Prospettiva* 1709, pp. 323, 328, 405.

luogo di deposito dei viveri provenienti da Milazzo[65]. Presumibilmente il terremoto del 1783 danneggiò anche questa fortificazione, così come aveva fatto con la vicina torre di Capo Peloro. Tale circostanza potrebbe spiegare l'edificazione da parte degli inglesi di un'opera *ex novo*, secondo i criteri della più aggiornata architettura militare costiera, per meglio rispondere alle esigenze di una difesa strategica contro la minaccia francese.

Fig. 73 La torre vista da occidente, sullo sfondo la Calabria (Foto Teramo)

La torre attuale è gemella di quella di Ganzirri Grande (B), con la quale condivide le medesime caratteristiche (figg.72, 73, 74, 75, 76,) compresa la quota (m 5 s.l.m.). Ubicata a circa un chilometro ad ovest della torre di Capo Peloro, l'opera proteggeva il vicino canale di sbocco del pantano di Faro sul mar Tirreno e il relativo tratto di costa. Nel 1810 la torre risultava armata con un cannone da 24 libbre e tre carronate dello stesso calibro, mentre altri due pezzi da 24 libbre erano sistemati in posizione antistante. Il reparto schierato nelle vicinanze era il primo battaglione del 58th Ruthlandshire Regiment. Non risulta classificata o armata negli anni successivi al periodo inglese, ma è indicata nelle varie mappe e citata insieme alle altre torri negli anni Venti dell'Ottocento da Purdy, Boid, Smith e da Calvi nel 1848, durante i lavori di edificazione delle batterie ad opera dei rivoluzionari siciliani[66]. Nel 1866 fu classifica nel Piano Generale della Difesa dello Stato come opera di 2^ categoria (a), ovvero tra le «opere intorno alle quali rimaneva sospeso un giudizio definitivo» e, nel medesimo anno, il Regio Decreto del 30 dicembre la inseriva nell'elenco «delle opere che cessano dall'essere considerate come opere di fortificazione». Nel 1882 era dotata di una luce fissa verde visibile ad un miglio, per indicare il luogo in cui si estendeva il cavo del telegrafo che giungendo a Capo Peloro si immergeva sino a Bagnara Calabra sulla sponda opposta[67]. Lo stesso sistema risultava anche nel 1909[68]. Riutilizzata durante il periodo fascista come stazione per tele-

---

[65] TESTA 1745, pp.33-34,58.
[66] CALVI 1851, p.317.
[67] «The London Gazzette», 1882, p. 1534.
[68] «The London Gazzette», 1909, p. 849.

comunicazioni, nei suoi pressi nei primi anni Quaranta fu armata una batteria contraerea. Si nota infatti in modo netto l'ingresso modificato e sormontato da un fascio littorio che permette tramite una scala interna in pietra di salire dal piano di campagna al livello intermedio, ovvero quello degli alloggi (fig. 77). Lo stato di conservazione è buono nonostante le condizioni di abbandono e l'impossibilità di accesso.

Fig. 74 Versante orientale della torre con l'ingresso modificato (Foto Donato)

Fig. 75 Il tipico massiccio pilastro circolare centrale (Foto Teramo)

Fig. 76 Particolare dell'apertura rivolta ad occidente, recentemente occlusa (Foto Teramo)

Fig. 77 Particolare dell'ingresso modificato e munito di scala, sovrastato da un fascio littorio che ne indica l'uso durante il ventennio fascista (Foto Teramo)

CAPITOLO 5

Conclusioni

Fin qui si è preferito offrire una descrizione delle difese relative alla costa sicula dello Stretto, focalizzando l'attenzione in modo particolare, ma non esclusivo, sul 1810 che, come già visto, fu anche l'anno del tentativo di sbarco franco napoletano sulla costa siciliana.

Le difficoltà maggiori incontrate, si riferiscono all'assenza o alla difficile reperibilità delle fonti archivistiche e soprattutto alla non fruibilità dei manufatti. In particolare quest'ultimo impedimento non ha permesso di effettuare misurazioni e osservazioni empiriche più approfondite, precludendo la possibilità di studiare e documentare le varie e interessanti peculiarità contenute nelle opere in oggetto. Tuttavia grazie alle ricognizioni sul territorio, è stato possibile giungere all'individuazione di elementi che, incrociati con la documentazione consultata, hanno consentito di produrre le considerazioni espresse nel lavoro, eseguendo un vaglio critico della letteratura locale sull'argomento. Ciò ha permesso dunque di smentire alcuni luoghi comuni ed errori storici diffusi sulla rete internet e talvolta su qualche testo stampato[1]. È inoltre doveroso chiarire che il presente lavoro non vuole in alcun modo esaurire gli studi sull'architettura militare a Messina durante il decennio inglese, ma al contrario si propone come punto di partenza per ricerche più approfondite.

Il quadro storico appare molto complesso, poiché caratterizzato dalla grande mobilità dei reparti militari in tutti gli scenari bellici d'Europa e del Mediterraneo, sia sul fronte francese sia su quello antifrancese; vi furono infatti notevoli innovazioni nel modo di far guerra. Già dalla metà del Settecento si era mostrato indispensabile l'utilizzo della cartografia, per la conoscenza geografica del territorio di guerra, e le necessità strategiche potevano portare all'occorrenza alla costruzione di strade, che i vari corpi del genio in servizio nei vari stati europei, erano in grado di realizzare anche in breve tempo. Nel medesimo periodo furono create e utilizzate truppe leggere ed esploratori, e nel contempo introdotte nell'organizzazione dei grandi eserciti le «divisioni», adottate nel 1787-88 dai francesi come unità amministrative basilari, che permettevano strategie più mobili. Altro elemento importante fu l'impiego di un'artiglieria da campagna più potente e completamente mobile.

A tutto ciò dopo la Rivoluzione Francese si aggiunse un cambiamento dal punto di vista numerico circa la composizione degli eserciti. L'esercito francese nel 1794, dopo la leva di massa, contava almeno in teoria 1.619.000 uomini; dunque una forza numerica senza precedenti. Sui mari invece l'Inghilterra era una potenza indiscussa: nel 1810, dopo circa due decenni di guerra ininterrotta, la flotta britannica annoverava circa 1000 navi da guerra costruite su commissione, di cui 243 da battaglia, con un dislocamento totale di 142000 uomini effettivi[2]. Nonostante tali forze terresti e marittime, le fortificazioni potevano ancora rivelarsi importanti, come accadde nel 1810 a Torres in Portogallo; esempio utile a comprendere come una posizione ben difesa fosse in grado di paraliz-

---

[1] Si è voluta prendere sul serio l'avvertenza di Nicola Aricò:
> Si è spesso indotti all'errore dal rapporto infido stabilitosi tra assenza o difficilissimo reperimento di documenti d'archivio e buona parte della bibliografia esistente, anche della più recente, che, quando non provoca danni alla conoscenza scientifica, nel migliore dei casi, fatte le debite eccezioni, è assolutamente inutile, rispondendo esclusivamente a mere operazioni commerciali
> (ARICÒ 1999, p.108 nota 78).

[2] Per una sintesi delle innovazioni militari introdotte dalla metà del XVIII secolo al 1815 si veda PARKER 2007, pp. 270-275. Non si vuole in questa sede entrare nel dibattito scientifico sulla teoria di Geoffrey Parker.

zare anche un grande esercito. In quegli anni in Italia François de Chasseloup-Laubat guidò e coordinò un gruppo di progettazione composto da francesi e italiani, con lo scopo restaurare o progettare *ex novo* le fortificazioni di diverse città italiane. Nel 1805 pubblicò anche un trattato sulla fortificazione e artiglieria, con una seconda edizione a Milano nel 1811[3].

In Sicilia, come già visto, il corpo dei Royal Engineers progettò strade, canali, torri, trinceramenti e restauri di fortificazioni preesistenti. Tale lavoro si colloca dunque in un contesto più ampio, fornito dallo scenario globale del conflitto e delle continue innovazioni tecniche e militari. Esso è il frutto della ricognizione e dello studio diretto delle opere messinesi superstiti, insieme ad un adeguato lavoro di ricerca archivistica, il cui punto di partenza per futuri approfondimenti è senza dubbio il National Archive of the United Kingdom. La progressiva esclusione e dismissione delle vecchie opere militari dai vari piani di difesa del Regno d'Italia, che si susseguirono già a partire dagli anni immediatamente successivi all'unificazione nazionale, ne ha provocato il cambio di uso, la modifica, l'abbandono o l'abbattimento; in certi casi motivato dalla cessata utilità e dalla manifesta vetustà, in altri da motivazioni ideologiche. Ad esempio la seicentesca Cittadella di Messina, imponente opera bastionata protagonista di ben quattro assedi in un secolo e mezzo, ma che ancora oggi versa in stato di degrado ed abbandono, fu considerata in diverse occasioni quale simbolo di oppressione verso l'abitato. Infatti, come evidente messaggio ideologico e simbolico, già nel 1867 fu approvata la spesa per la demolizione dei fronti rivolti verso la città[4].

Purtroppo molte altre opere appartenenti al vasto e variegato patrimonio architettonico militare peloritano, una volta dismesse e smilitarizzate hanno subito nel tempo mutilazioni, demolizioni o versano in stato di abbandono o scarsa valorizzazione e fruibilità. Non sono esenti da ciò le Martello tower. Tuttavia oggi una maggiore attenzione e sensibilità, sostenute dalla normativa per la tutela, protezione e conservazione dei Beni Culturali, permettono di considerare le fortificazioni come beni di elevato contenuto architettonico e storico culturale; soggette dunque a tutela per scopi didattici ed economici, secondo i più moderni criteri di sostenibilità. In tal senso le Martello tower di Ganzirri, Mortelle e la Torre di Capo Peloro, così come le molteplici e varie opere militari ancora integre, possono certamente rappresentare ottime basi di partenza per l'approntamento di valide attività di studio e recupero della memoria storica, nonché per la realizzazione di adeguati progetti di sviluppo economico-turistico.

---

[3] FARA 1989, pp. 350-355.
[4] PRINCIPE 1989, p. 414.

Bibliografia generale

AGNELLO-FAGIOLO-TRIGILIA 1987
S. AGNELLO, M. FAGIOLO, L. TRIGILIA, *Il Barocco in Sicilia tra conoscenza e conservazione*, Siracusa 1987.

***Archivio Storico Siciliano* 1922**
«Archivio Storico Siciliano. Società Italiana per la Storia Patria», 22, 1922

ARICÒ 1999
N. ARICÒ, *Il limite Peloro. Interpretazioni del confine terracqueo*, Messina 1999.

***Astrea* 1863**
«*Astrea*, rivista di legislazione e giurisprudenza militare», Anno I, Torino, 1863.

BEHAN 1862
T. L. BEHAN, *Bulletins and Other State Intelligence, for the year 1859 in two parts*, London 1862.

BIANCO 1902
G. BIANCO, *La Sicilia durante l'occupazione inglese (1806-1815): con appendice de documenti inediti degli archivi di Londra, Firenze e Palermo*, Palermo 1902.

BOLTON 2008
J. BOLTON, *Martello Towers Research Project*, 2008.

BRYCE 1984
M. H. BRYCE, *Stronghold. A History of Military Architecture*, London 1984.

BUCETI 2004
G. BUCETI, *Gialò, i misteri del Peloro*, Messina 2004.

BUNBURY 1851
H. BUNBURY, *A Narrative of Military Transactions in the Mediterranean, 1805-1810*, London 1851.

CALVI 1851
P. CALVI, *Memorie storiche e critiche della rivoluzione siciliana del 1848*, Londra 1851.

CANNON 1827
R. CANNON, *The Naval and Military Magazine*, Vol. I, London 1827.

CANNON 1853
R. CANNON, *R. Cannon, Thirty-ninth, Or the Dorsetshire Regiment of Foot*, London1853

CHILLEMI 1995
F. CHILLEMI, *I casali di Messina. Strutture urbane e patrimonio artistico*, Messina 1995.

CLEMENTS 1999
B. CLEMENTS, *Towers of Strength. Martello Towers Worldwide*, Bearnsley 1999.

CLEMENTS 2011
B. CLEMENTS, *Martello Towers Wordwide*, Bearnsley 2011.

COCKBURN 1815
G. COCKBURN, *A vojage to Cadiz and Gibraltar up the Mediterranean to Sicily and Malta in 1810 & 1811, including a description of Sicily and Lipari islands, and an excursion in Portugal*, Vol. II, London 1815.

Collezione celerifera **1867**
Collezione celerifera delle leggi, decreti, istruzioni e circolari, Parte 1, Firenze 1867.

Collezione delle Leggi **1815**
Collezione delle Leggi e de' Decreti Reali del Regno di Napoli, Napoli 1815.

Collezione di Leggi **1848**
Collezione di Leggi e Decreti del General Parlamento di Sicilia nel 1848, Palermo 1848.

COLONNA 1676
G. B. R. COLONNA, *La Congiura De I Ministri Del Re di Spagna, contro la fedelissima ed esemplare città di Messina*, Vol. III, Stamperia del Senato, Messina 1676

D'ANDREA 2008
D. D'ANDREA, *Nel "decennio inglese" 1806-1815. La Sicilia nella politica britannica dai "Talenti" a Bentick*, Soveria Mannelli 2008.

D'ANGELO 1988
M. D'ANGELO, *Mercanti inglesi in Sicilia, 1806-1815: apporti commerciali tra Sicilia e Gran Bretagna nel periodo del Blocco continentale*, Milano 1988.

DAVIS 2009
J. A. DAVIS, *Naples and Napoleon: Southern Italy and the European Revolutions, 1780-1860*, New York 2009.

D'AYALA 1847
M. D'AYALA, *Napoli militare*, Napoli 1847.

Dizionario geografico **1828**
Dizionario geografico universale statistico-storico commerciale, Vol. II, Venezia 1828.

DONATO 2012
A. DONATO, *Le artiglierie della Marina Borbonica a Messina*, in «Bollettino d'Archivio dell'Ufficio Storico della Marina Militare», Settembre 2012.

FARA 1989
A. FARA, *Sistemi difensivi e antiche mura nella città italiana dell'Ottocento*, in C. DE SETA, J. LE GOFF (a cura di), *La città e le mura*, Roma-Bari 1989.

FARA 2010
A. FARA, *Luigi Federico Menabrea e la difesa dello Stato unitario 1864-1873. Organizzazione del territorio e architettura militare*, in M. SAVORRA, G. ZUCCONI (a cura di), *Città e Storia; Spazi e cultura militare dell'800*, Anno IV, n. 2, luglio-dicembre 2009, Roma 2010.

FAZELLO 1573
T. FAZELLO, *Le due deche dell'historia di Sicilia*, Venezia 1573.

FRANKLAND 1830
C. FRANKLAND, *Travels to and from Constantinople, in 1827 and 1828*, Vol. II, London 1830.

GIACHERY 1861
C. GIACHERY, *Memoria descrittiva della Sicilia e de' suoi mezzi di comunicazione sino al 1860*, Palermo 1861.

***List-Officers* 1833**
GREAT BRITAIN WAR OFFICE, *A List of the Officers of the Army and of the Corps of Royal Marines*, London 1833.

GREGORY 1988
D. GREGORY, *Sicily. The Insecure Base. A History of the British Occupation of Sicily, 1806-1815*, London-Toronto 1988.

HOLLEY 1865
A L. HOLLEY, *A treatise on ordonance and armor. Embracing descriptions, discussions, and professional opinions concerning the material, fabrication, requirements, capabilities, and endurance of European and American guns for naval, sea-coast, and iron-clad warfare, and their rifling, projectiles and breech-loading. Also, results of experiments against armor, from official records. With an appendix, referring to gun-cotton, hooped guns, etc., etc. With 493 illustrations*, London 1865.

HOYT 1811
E. HOYT, *Practical Instructions for military officers: comprehending a concise system of military geometry, field fortification and tactics of riflemen and light infantry. Also the scheme for forming a corps of a partisan, and carryng on the petite guerre, by Roger Stevenson, esq. revised, corrected, and enlarged. To wich is annexed a new military dictionary; containg the french words, and other technical terms, now used in the art of war; with other matter connected with military operations. Illustrated with plates*, Greenfield 1811.

HUGHES 1820
T. S. HUGHES, *Travels in Sicily, Greece and Albania*, Vol. I, London 1820.

ILARI-CROCIANI-BOERI 2008
V. ILARI, P. CROCIANI, G. BOERI, *Le Due Sicilie nelle guerre napoleoniche: 1800-1815*, Voll. I-II, Roma 2008

LA FARINA 1840
G. LA FARINA, *Messina ed i suoi Monumenti*, Messina 1840.

LAMBERTI 1848
L. LAMBERTI, *Portolano del Mare Mediterraneo, del Mar Nero, e del Mar di Azof*, Vol. I, Livorno 1848.

***La Sicilia in Prospettiva* 1709**
La Sicilia in Prospettiva. Parte seconda. Cioè le Città, Castella, Terre, e Luoghi esistenti, e non esistenti in Sicilia, la Topografia Littorale, li Scogli, Isole, e Penisole intorno ad essa, Palermo 1709.

LENDY 1862
A. F. LENDY, *Treatise on fortification, or, Lectures delivered to officers reading for the staff*, London 1862.

LENTINI 2004
R. LENTINI, *Dal commercio alla finanza: i negozianti-banchieri inglesi nella Sicilia occidentale tra il XVIII e il XIX secolo*, in «Mediterranea Ricerche Storiche», Anno I, n. 2, 2004.

LEPAGE 2009
J. D. LEPAGE, *French Fortifications, 1715-1815: An Illustrated History*, Jefferson, North Carolina, and London 2009.

LEWIS 1845
G. G. LEWIS, *Report on the Application of Forts, Towers, and Batteries to Coast Defences and Harbours* in *Papers on Subject Connected with The Duties of the Corps of the Royal Engineers*, Vol. VII, London 1845.

LEWIS 1857
G. G. LEWIS, *On the defence of London, on fortification, and on the defensive resources of England*, London 1857.

MALLARDI 2013
G. MALLARDI, *Durante il Regno di Gioacchino Murat, diario dal 1807 al 1815*, disponibile all'indirizzo: http://www.societaitalianastoriamilitare.org/libri%20in%20regalo/Diario%20Giuseppe%20Mallardi%20Capitano%20dei%20Lancieri%20di%20Murat.pdf. (consultato il 10 maggio 2013).

MEAD 1948
H. P. MEAD, *The Martello Towers of England* in «The Mariners Mirror: The Journal for the Society of Nautical Research», 34, 1948.

Minutes of Proceedings **1861**
Minutes of Proceedings of the Royal Artillery Institution, Vol. II, Woolwich 1861.

NOSTRO-SORRENTI 1999
T. NOSTRO, M. T. SORRENTI, *Le visioni e la memoria, rappresentazioni iconografiche dello Stretto di Messina fra XV e XIX secolo*, Reggio Calabria 1999.

NUCIFORA 2002
S. NUCIFORA, *Architettura di trincea, segno e disegno dei forti umbertini*, Cannitello 2002.

Papers-Engineers **1853**
«Papers on subject connected whit the dutie of the corps of the Royal Engineers», Vol. III new series, London 1853.

PARKER 2007
G. PARKER, *La Rivoluzione Militare*, tr. it., Bologna 2007.

POLTO 2006
C. POLTO, *Chorographia: forma et species. L'esperienza cartografica in Sicilia e nella Calabria meridionale tra XV e XIX secolo*, Messina 2006.

PORTER 1889
W. PORTER, *History of the Corps of Royal Engineers*, Vol. I, Londra 1889

PRINCIPE 1989
L. PRINCIPE, *Uccidere le mura. Materiali per una storia delle demolizioni in Italia*, in C. DE SETA, J. LE GOFF (a cura di), *La città e le mura*, Roma-Bari 1989.

Raccolta delle leggi **1866**
Raccolta ufficiale delle leggi e dei decreti del Regno d'Italia, Vol. XVII, Torino 1866.

ROMEO 1982
R. ROMEO, *Il Risorgimento in Sicilia*, Bari 1982.

ROSSELLI 2002
J. ROSSELLI, *Lord William Bentick e l'occupazione britannica della Sicilia 1811-1814*, a cura di M. D'ANGELO, tr. it. A. COSMAI, Palermo 2002.

RUSSO 1994
F. RUSSO, *La difesa costiera del Regno di Sicilia dal XVI al XIX secolo*, Voll. I-II, Roma 1994.

SALEMI 1937
L. SALEMI, I *Trattati antinapoleonici dell'Inghilterra con le Due Sicilie*, Palermo 1937.

SAMPERI 1991
P. SAMPERI, *Iconologia della gloriosa Vergine madre di Dio Maria protettrice di Messina*, Messina 1644, Ristampa anastatica, Messina 1991.

SCOLFIELD 1992
P. SCOLFIELD, *British Politicians and French Arms: The Ideological War of 1793-1795*, in «History», 77, 1992.

SERRISTORI 1839
L. SERRISTORI, *Statistica d'Italia*, Firenze 1839.

SMITH 1853
C. SMITH, *Historical Record of 39th of Dorsetshire regiment of foot*, London 1853.

SPINI 1958
G. SPINI, *A proposito di "circolazione delle idee" nel Risorgimento. La* Gazzetta Britannica *di Messina*, in *Miscellanea in onore di Roberto Cessi*, Vol. III, Roma 1958.

***Suppl. Gazzetta-Regno* 1884**
Supplemento alla Gazzetta ufficiale del Regno d'Italia, n. 25, 30 gennaio 1884.

SUTCLIFE 1973
S. SUTCLIFFE, *Martello Towers*, Cranbury - New Jersey 1973.

TESTA 1745
F. TESTA, *Relazione istorica della peste che attaccossi a Messina nell'anno 1743*, Palermo 1745.

***London Gazzette* 1882**
The London Gazzette, april 4 1882.

***London Gazzette* 1909**
The London Gazzette, february 2 1909.

***Mediterranean Pilot* 1931**
UNITED STATES HYDROGRAPHIC OFFICE, *Mediterranean Pilot: The coast of France and Italy from Cape Cerbère to Cape Spartivento, together with the islands of Corsica, Sardinia, Sicily, and Malta. 1925 Vol. 3; The southeast coast of Italy, the shores of the Adriatic and the western coast of Greece to Cape Matapan*, 1931.

***Royal Military Chronicle* 1811**
The Royal Military Chronicle; Or the British Officer's Monthly Register, Chronicle, and Military Mentor, Vol. I, London 1811.

***The Naval and Military Magazine* 1827**
«The Naval and Military Magazine», Volume 1, London 1827

TORRE 1986
A. TORRE, La parrocchia di Maria SS. dei Bianchi di Curcuraci, Messina 1986

VENTIMIGLIA 1944
R. VENTIMIGLIA, *Collezione delle leggi dei reali decreti sovrani rescritti e dei regolamenti delle ministeriali riguardanti la Sicilia dal 1817 al 1838*, Vol. II, Catania 1944.

VIGANÒ 2001
M. VIGANÒ, *Giovan Giacomo Paleari Fratino and the tower at Mortella point, Corsica (1563)*, in «Fort. The international journal of fortification and military architecture», XXIX, 2001.

VIGANÒ 2004
M. VIGANÒ, *«El fratin mi ynginiero» I Paleari Fratino da Morcote, ingegneri militari ticinesi in Spagna (XVI-XVII secolo)*, Bellinzona 2004.

VIVENZIO 1783
G. VIVENZIO, *Istoria e teoria de tremuoti in generale ed in particolare di quelli della Calabria e di Messina del 1783*, Napoli 1783.

VON CLAUSEWITZ 2012
K. VON CLAUSEWITZ, *Della guerra*, tr. it., Milano 2012.

VON DER GOLTZ 1896
C. VON DER GOLTZ, *Condotta della Guerra*, tr. it, Benevento 1896.

www.ingramcontent.com/pod-product-compliance
Lightning Source LLC
Chambersburg PA
CBHW061548010526
44114CB00027B/2960